"十二五"国家重点图书

新能源与建筑一体化技术丛书

太阳能—风能互补发电技术及应用

Application of Hybrid Solar-Wind Power Generation Technologies

杨洪兴 吕 琳 马 涛 著

U0283288

中国建筑工业出版社

图书在版编目（CIP）数据

太阳能—风能互补发电技术及应用/杨洪兴，吕琳，马涛著．—北京：中国建筑工业出版社，2014.12
"十二五"国家重点图书·新能源与建筑一体化技术丛书
ISBN 978-7-112-17328-0

Ⅰ．①太…　Ⅱ．①杨…②吕…③马…　Ⅲ．①太阳能发电②风力发电　Ⅳ．①TM61

中国版本图书馆 CIP 数据核字（2014）第 226798 号

本书主要总结了作者近些年在太阳能—风能互补系统方面的理论研究和实际工程经验。重点介绍了太阳能光伏与风力发电技术及其应用范围、独立离网型系统、储能技术和大型并网系统，并通过工程实例阐述了太阳能—风能互补系统的设计方法及运行情况。此书能够让读者了解国内外最新的有关风光互补技术的发展情况，掌握设计风光互补发电系统工程的设计方法。此外，此书也能够给从事相关行业的研究人员和工程人员提供一定的参考。

* * *

责任编辑：张文胜　姚荣华
责任设计：张　虹
责任校对：陈晶晶　刘梦然

"十二五"国家重点图书
新能源与建筑一体化技术丛书
太阳能—风能互补发电技术及应用
杨洪兴　吕　琳　马　涛　著
*
中国建筑工业出版社出版、发行（北京西郊百万庄）
各地新华书店、建筑书店经销
霸州市顺浩图文科技发展有限公司制版
北京圣夫亚美印刷有限公司印刷
*
开本：787×1092 毫米　1/16　印张：10¾　字数：257 千字
2015 年 1 月第一版　　2015 年 1 月第一次印刷
定价：**35.00** 元
ISBN 978-7-112-17328-0
　　（26085）

出版说明

能源是我国经济社会发展的基础。"十二五"期间我国经济结构战略性调整将迈出更大步伐，迈向更宽广的领域。作为重要基础的能源产业在其中无疑会扮演举足轻重的角色。而当前能源需求快速增长和节能减排指标的迅速提高，不仅是经济社会发展的双重压力，更是新能源发展的巨大动力。建筑能源消耗在全社会能源消耗中占有很大比重，新能源与建筑的结合是建设领域实施节能减排战略的重要手段，是落实科学发展观的具体体现，也是实现建设领域可持续发展的必由之路。

"十二五"期间，国家将加大对新能源领域的支持力度。为贯彻落实国家"十二五"能源发展规划和"新兴能源产业发展规划"，实现建设领域"十二五"节能减排目标，并对今后的建设领域节能减排工作提供技术支持，特组织编写了"新能源与建筑一体化技术丛书"。本丛书由业内众多知名专家编写，内容既涵盖了低碳城市的区域建筑能源规划等宏观技术，又包括太阳能、风能、地热能、水能等新能源与建筑一体化的单项技术，体现了新能源与建筑一体化的最新研究成果和实践经验。

本套丛书注重理论与实践的结合，突出实用性，强调可读性。书中首先介绍新能源技术，以便读者更好地理解、掌握相关理论知识；然后详细论述新能源技术与建筑物的结合，并用典型的工程实例加以说明，以便读者借鉴相关工程经验，快速掌握新能源技术与建筑物相结合的实用技术。

本套丛书可供能源领域、建筑领域的工程技术研究人员、设计工程师、施工技术人员等参考，也可作为高等学校能源专业、土木建筑专业的教材。

中国建筑工业出版社

前言

开发利用可再生能源已成为当前世界各国保障能源安全、加强环境保护、应对气候变化的重要措施。我国作为世界上最大的发展中国家，能源发展面临巨大挑战，能源结构及能源安全的问题正由日益突出。随着经济社会的发展，我国能源需求持续增长，能源供应和环境污染问题越来越严重，加快开发利用可再生能源已成为我国应对日益严峻的能源环境问题的必由之路。

2006 年 1 月 1 日国家实施了《中华人民共和国可再生能源法》（主席令第三十三号），促进了可再生能源的开发利用，目的在于增加能源供应、改善能源结构、保障能源安全、保护环境，以实现经济社会的可持续发展。《可再生能源发展"十二五"规划》中也规定了到 2015 年可再生能源发电量争取达到总发电量的 20％以上，同时强调了分布式可再生能源应用应该形成较大规模，以解决电网不能覆盖区域的无电人口用电问题。

太阳能与风能，作为可再生能源系统中最重要的组成部分，具有资源分布广、开发潜力大、环境影响小、可持续利用等特点，已经成为可再生能源领域中开发利用水平最高、技术最成熟、应用最广泛、并开始商业化的新型能源。同时，由于太阳能和风能具有天然的资源互补性，将二者进行有机的结合，使可再生能源系统的运行更加稳定和高效。当前独立运行的离网型太阳能—风能互补发电系统和储能技术已经得到了广泛应用，能有效地解决偏远山区、移动基站、部队边防哨所等地方的供电问题。同时，太阳能—风能互补发电系统也促进了这些地方分布微电网的发展。大型光伏和风电场的发展，促进了大规模并网和智能电网的需要，太阳和风能系统的电力输出互补特性能有效地提高并网的质量和电网的稳定性。

本书主要总结了笔者近年来在太阳能—风能互补系统方面的理论研究和实际工程经验。重点介绍了太阳能光伏与风力发电技术及其应用范围，独立离网型系统，储能技术和大型并网系统，并通过工程实例阐述了太阳能—风能互补系统的设计方法及运行情况。本书能够让读者了解国内外最新的有关风光互补技术的发展情况，以及掌握设计风光互补发电系统工程的设计方法。本外，本书也能够给从事相关行业的研究人员和工程人员提供一定的参考。本书在写作中尽量做到有针对性和实用性，在保证科学性的同时，注意通俗易懂。

本书由香港理工大学杨洪兴教授、吕琳副教授和马涛博士合作编著，参加本书写作的还有香港理工大学可再生能源研究室的王海、綦戎辉和车全德、彭晋卿、罗伊默博士，以及高小霞、张文科、陈奕、张甜甜、胡彦、蒋宇、王德琦等博士生。本书在资料收集和技术交流上都得到了国内外专家学者和同行的大力支持。同时，本书在写作的工程中，还得到了香港理工大学同事的大力支持和帮助，提供了宝贵的修改意见和建议，在此一并表示感谢。

由于编写时间仓促，加之作者水平有限，书中难免有不妥之处，敬请广大读者批评指正。

目　录

第1章 太阳能—风能互补发电技术的背景和概念

能源是国民经济和人类发展赖以生存的物质基础,是经济和社会前进的动力。当前在人类生活和生产中非常重要的常规性能源有五类:石油、煤炭、天然气、水和核裂变能。现今,世界上所需的能源消耗几乎全靠这五大能源来支撑。随着世界经济爆炸式的发展和工业在国际范围内的现代化,资源越来越匮乏,环境的污染也日渐严重,在保持现有人类生存环境的同时,如何解决能源日渐紧缺的危机、满足人们日常生活的需要,是全世界人类都应该不断思考的问题[1]。

近年来,随着世界经济的发展,各国对能源的依赖的比重越来越大,经济的发展越来越快,但同时对环境的破坏也日渐严重,硫氧化物和氮氧化物等有害气体的大量排放,未经处理的有害物质使得环境日渐恶化。日渐破坏的环境使得人们越来认识到环境的重要性,也促使人们开始对常规能源危害的认识越来越深刻,使得人们的环保意识日渐增长。对提高生活质量的需求,要求减少常规能源对自然生态环境的污染,优先使用清洁型能源,发展可再生能源,已成为急需解决的问题。

我国对新能源的开发利用起步较晚,但随着政府的不断重视,国内新能源产业规模逐步扩大、技术逐步提升,发电成本逐步下降。按照《可再生能源发展"十二五"规划》提出的目标,到2015年,风电将达到1亿kW,年发电量1900亿kW,其中海上风电500万kW;太阳能发电将达到1500万kW,年发电量200亿kW。从长远来看,预期到2020年,中国大批新能源技术达到商业化水平,新能源占一次能源总量的18%以上,到2050年,将全面实现新能源的商业化,大规模替代化石能源,并在能源消费总量中达到30%以上[2]。

随着可再生能源规模化发展,"十二五"期间,我国可再生能源应用形式和领域将呈现多元化发展趋势。应用形式方面,新能源发电仍然是新能源主要应用方式,新能源发电将由"十一五"的集中大型应用向分布与集中应用并行发展。其中,风光互补发电系统和风光储一体化应用系统将成为"十二五"可再生能源发电应用的重点之一。

1.1 风光互补发电系统——新能源利用的"风光"之路

太阳能—风能互补发电系统(简称风光互补系统)是对太阳能发电和风力发电的综合应用。风光互补发电系统主要由太阳能发电组件、风力发电机组、系统控制器、逆变器和蓄电池组(离网系统)或者并网控制器(并网系统)等几部分组成。由于风光互补应用综合了风力发电和太阳能发电的优势,提高了资源的利用效率,也很好地解决了单独使用风力发电或太阳能发电受季节和天气等因素制约的问题,使得两种可再生能源发电形成了很强的互补性,提高了供电的可靠性。因此,风光互补系统是可再生能源领域的重点研究方向之一。

目前国内大型风力发电与并网太阳能光伏发电或太阳能光热发电的风光互补应用尚处于起步阶段,而主流的风光互补应用是指中小型风力发电机发电(一般单机装机容量在

100kW 及以下）与太阳能光伏发电的离网综合应用，即本书重点研究的风光互补能源技术。

1.1.1 太阳能和风能的特点

可再生能源主要包括风能、太阳能、生物质能、水力发电、海洋能和海浪能等。如表1-1所示[3]，而在可再生能源中，太阳能和风能潜力最大。因此，太阳能和风能的利用受到人们越来越多的重视，成为最有发展潜力的两种自然能源。太阳能和风能具有如下特点：取之不尽，用之不竭；就地取材，不需运输；分布广泛，分散使用；不污染环境，不破坏生态；周而复始，可以再生[4][5]。相对于有限的化石燃料来说，太阳辐射能堪称无限的能源。而风能在一定程度上可以说是太阳能的延伸，因为地球围着太阳转再加上地球本身的自转，使得日地距离和方位总在不停变化，这就使得地球上不同纬度地区接受的太阳辐射强度不同，从而地表温度也不同，冷热交替，形成空气的对流，从而产生风能。

全球可再生能源一览 表1-1

可再生能源	总功率（W）	可用功率（W）
太阳能	1.8×10^{17}	6.7×10^{15}
风能	3.6×10^{15}	1.3×10^{14}
水能	9.0×10^{12}	2.9×10^{12}
地热能	2.7×10^{13}	1.3×10^{11}
潮汐能	3.0×10^{12}	6.0×10^{11}

太阳能和风能是可再生能源中储能最大、无污染且无需购买的清洁资源。理论上讲，人类的能源需求同太阳能和风能的总存储量相比，仅仅是很少的一部分。因此，怎样利用风能和太阳能、如何合理地利用风能和太阳能得到世界各国广泛的重视。

然而，虽然风能和太阳能都是无污染、取之不尽的可再生能源，但是两者有共同的劣势，具体表现为能量密度低和稳定性差。

（1）能量密度低：空气在标准状况下的密度为水密度的1/773，所以在3m/s的风速时，其单位面积能量功率密度为$16.254 \mathrm{W/m^2}$，而水流速度为3m/s时，单位面积能量密度为$12.564 \mathrm{kW/m^2}$。在相同的流速下，要获得与水能同样大的功率，风轮直径为水轮的27.8倍。太阳能在晴天单位面积平均接收太阳辐射密度远小于太阳常数$1353 \mathrm{W/m^2}$，并随区域变化，其能量密度也很低，故必须配备足够大的受光面积，才能得到足够的功率。由此可见，不论是风能还是太阳能都是一种能量密度很低的能源，给推广利用带来了困难。

（2）能量稳定性差：不论是风能还是太阳能，都随天气和气候的变化而变化。虽然各地区的太阳辐射和风力特性在一较长的时间内有一定的统计规律可循，但是风力和日照强度在不断地变化。不但各年间有变化，甚至在很短的时间内还有无规律的脉动变化。这种能量的不稳定性也给这两种能源的使用带来了困难[6]。单独使用光伏发电或是风力发电都存在着输出电量不稳定的缺陷，光伏发电易受阴雨天气的影响，而且在晚上的时候，光伏发电处在停止状态。而风力发电的输出功率随着风速的变化，也不能稳定地输出。因此，这使得风力发电或光伏发电系统中的蓄电池组工作在非常不稳定的条件下，蓄电池未能充满时就放电，甚至是长期处于过放电或是过充电的状态。这种非理想的工作环境使得蓄电池的工作寿命大大缩短，而目前蓄电池的价格又非常昂贵，使得风力发电系统或者是光伏发电系统的蓄电池使用成本非常高，甚至高于单独购买光伏组件和风力发电机的成本[7]。

1.1.2 风光互补系统的提出及发展

由上一节可以看出，无论是单独的风电系统还是单独的太阳能发电系统，都受到自然条件的制约，由于这些不利因素的存在，在单独利用其中一种能源转变为经济可靠的电能过程中存在着很多技术问题。这也是几个世纪以来，两种能源利用发展比较缓慢的原因之一。但是，如果能够合理地利用，把两者的长处加以结合，发挥各自的特点，就能很好地解决能源的随机性和不稳定性等问题。随着现代科学技术的发展，风能和太阳能利用在技术上都有突破和进展，特别是将风能、太阳能综合利用形成互补系统，充分利用它们在多方面的互补性，可以建立起更加稳定可靠、经济合理的能源系统。

由于风能的产生是源于太阳能照射在地面上产生的气压差，因此，风能和太阳能的相互结合有着根本上的天然优势。通过长期的数据采集发现，太阳能和风能具有很好的互补性，如图 1-1 和图 1-2 所示[8]。

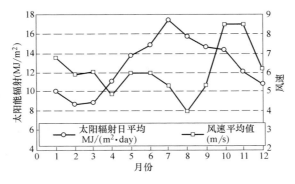

图 1-1　太阳能和风能的季节互补

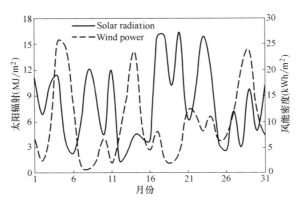

图 1-2　太阳能和风能的日夜互补特性

一方面，风能和太阳能在季节上存在很强的互补性，从全年的角度看，通常太阳能夏天比较充裕，而风能冬天则比较丰富。另一方面，从一天的角度讲，对于太阳能比较充裕的天气晴朗的日子，风力通常则较差。另外，在阴雨天和夜晚，太阳能辐射弱和没有太阳辐射的时候，风速一般比较大，此时风能发的电量占主要地位；而当晴空当头的白天，风速比较小，太阳能发电占主导地位。另外，根据我国香港的气象数据可以发现，风力主要出现在夜间和凌晨，而此时几乎没有太阳辐射，种种迹象说明了这两者之间的互补特性。

正是由于太阳能和风能具有如此好的互补性，将两者结合形成的风光互补发电系统，可以充分弥补风能和太阳能在单独提供能量时产生的间歇性和随机性等缺点，保证了更高的发电稳定性。有鉴于此，风能、太阳能的综合利用研究开始广泛开展起来。

有关风光互补发电系统的研究始于 20 世纪 80 年代初期。1981 年，丹麦的 N. E. Busch 和 Køllenbach 提出了太阳能和风能混合利用的技术问题，最初的风光互补发电系统只是将风力机和光伏组件进行简单的组合[9]。随后，美国的 C. I. Aspliden 研究了太阳能和风能混合转换系统的气象问题。原苏联的 N. Aksarni 等人根据概率原理，统计出近似的太阳能和风能潜力的估计值，为风光互补发电系统的研究和利用提供了科学的数据支持。1982 年，我国的余华扬等提出了太阳能和风能发电机的能量转换装置，风光互补发电系统的研究从此进入实际利用阶段[10]。香港理工大学杨洪兴教授率领的可再生能源研究小组（RERG）在 21 世纪初开始研究和推广太阳能—风能互补发电技术，在研究能量转换、能量储存、系统设计、运行模拟、优化和实际应用中做了大量的开创性工作，研究成果得到了同行的肯定和大量引用[11][12][13]。

近年来，国外对风光互补发电系统的研究主要集中在系统的优化设计和合理配置、计算机仿真计算以及实际应用研究等方面。在国外，加拿大 Saskatchewan 大学 Rajesh Karki 等人研究了独立小型风光发电系统的成本及可靠性，得出根据负载和风光资源条件合理配置发电系统，是降低发电成本、提高系统可靠性的重要途径，并指出互补发电系统扩容的可行性。意大利人 A. N. Celik 对独立运行的风电、光电和风光互补发电进行对比，结果证明风光互补发电是最优越的新能源发电方案，并对该风光互补发电系统的优化设计做了经济分析。Markvart T. 利用遗传算法开发了一套优化软件，通过仿真研究证实了风光互补发电比单独发电系统更具有优势。

从 20 世纪 90 年代末，我国开始对风光互补发电项目进行研究，所做的研究主要集中在系统部件的模型、系统的优化设计、计算机仿真计算以及实际应用研究方面，但是研究仍处于初级阶段。2004 年，天津大学环境科学与工程学院结合微型计算机控制技术，设计开发了风光互补发电的监测与控制系统，并进行了实际的应用测试，效果较理想。香港理工大学同中国科学院广州能源所、半导体研究所合作提出了一整套利用 CAD 进行风光互补发电系统优化设计的方法。该方法提出了更精确地表征光伏组件特性及评估实际获得的风光资源的数学模型，目的是找出以最小设备投资成本满足用户用电要求的系统配置。本书也探讨了基于抽水蓄能的离网型风光互补系统的可行性，研究发现这种蓄能方式优于电池系统且这套系统能有效地给偏远的山区和岛屿供电[14]。另外，合肥工业大学能源研究所提出了风光发电系统的变结构仿真模型，用户可以重构多种结构的风光复合发电系统并进行计算机仿真计算，从而能够预测系统的性能、控制策略的合理性以及系统运行的效率等。华南理工大学设计了新型无刷双馈发电机，并通过权值调节方式实现太阳能逆变器最优功率传输。中国卫星通信集团公司对青海"村村通"工程中的风光互补发电系统实际运行情况进行了分析，系统经过一年的运行，完成了计划任务并显现出很好的经济效益，同时也指出系统在准确性和可靠性上仍存在一些问题。

由于风能和太阳能具有资源丰富、无地域界限等特点，使得风光互补发电系统适合在用电量不大且远离电网的地区使用，对提高无电地区居民生产和生活水平、促进当地经济发展起到重要作用。风光互补发电技术在我国多作为独立的供电系统，用于远离电网的地区，如部队的边防哨所、邮电通讯的中继站、公路和铁路的信号站、地质勘探和野外考察的工作站、偏远山区及海岛的照明等。我国风光互补发电场主要集中在青藏高原、内蒙古自治区等偏远地区，采用独立式发电；在城市中，风光互补发电系统的应用主要是使用于城市路灯和道路监控设备。

1.2 风光互补发电系统技术导论

1.2.1 风光互补发电系统概述

所谓风光互补（太阳能风能互补能源技术），本质就是将风能和太阳能连接起来，相互补充共同供电，从而提供稳定的电量满足负载需求。

风光互补发电系统的运行方式主要分为离网运行和并（联）网运行两大类。没有连接公共电网的称为离网型风光互补发电系统，即风光互补独立发电系统，主要运用于一些特殊场合，如远离公共电网的无电地区，主要是偏僻农村、高原、海岛、牧区、荒漠等电网无法覆盖的地区，在这些地方安装独立发电系统可以为用户提供照明、电视和通信等的基本生活用电。而与公共电网相连接的风光互补供电系统称为并网型风光互补发电系统，主要是大型系统。

典型的风光互补独立发电系统包括发电部分（光伏电池阵列、风力发电机组）、蓄电池、整流装置、控制器（可为独立风能，太阳能或风光互补控制器）、DC/AC 逆变器和负载等，最基本的系统结构图如图 1-3 所示。

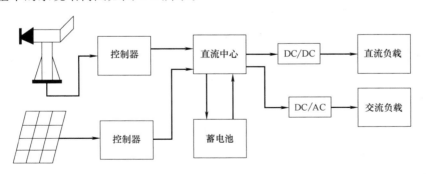

图 1-3 典型的风光互补发电系统结构示意图

风光互补发电系统由三个环节构成，分别是能量产生环节、能量存储转化环节与能量消耗环节。能量产生环节有风力发电和光伏发电两部分组成，分别将风力、日光照射能源转化成为日常生活可用的电力能源；能量的存储环节主要由蓄电池组来完成，引入蓄电池组的原因就是为了消除由于天气、气候原因而引起的能量供应和需求的不平衡，在整个系统中起调节能量和平衡负载的作用；能量消耗就是各种用电负载，可以分为直流负载和交流负载两种类型，交流连入电路是需要用到逆变器。整个系统可以分为以下四个部分：发电部分、储能部分、控制部分及逆变部分。

1. 发电部分

光伏发电部分是利用太阳能电池板的光电效应（photoelectric effect），将光能转换成电能；风力发电部分是先利用风力机组叶片将风能捕捉转换成机械能，再通过风力发电机将机械能转换成电能，小型风力发电机组的输出电流为直流。在风光互补发电系统中，风能和太阳能可以独立发电也可以混合共同发电，根据风能和太阳能在时间和地域上的互补性，合理地将二者进行最佳匹配，既可实现供电的可靠性，又能降低发电系统的综合成本。

2. 储能部分

由于风能和太阳能的不稳定性和间歇性，供电时会出现忽高忽低、时有时无的现象。为了保证系统供电的可靠性，应该在系统中设置储能环节，把风力发电系统或太阳能发电系统供给负载之后多余的电能储存起来，以备供电不足时使用。目前，最常用的储能方式是采用铅酸蓄电池储能，在系统中蓄电池除了将电能转化成化学能储存起来，使用时再将化学能转化为电能释放出来外，还起到能量调节和平衡负载的作用。此外，其他储能方式比如燃料电池、压缩空气和抽水蓄能等也是近年来的研究重点。

3. 控制部分

控制部分主要是根据风力大小、光照强度及负载变化情况，不断地对蓄电池组的工作状态进行切换和调节。风光互补控制器是整个系统中最重要的核心部件，对蓄电池进行管理与控制，一方面把调节后的电能直接送往直流或交流负载，另一方面把多余的电能送往蓄电池组储存起来，当发电量不能满足负载需要时，控制器把蓄电池储存的电能送给负载。在这一过程中，控制器要控制蓄电池不被过充或过放，从而保证蓄电池的使用寿命，同时也保证了整个系统工作的连续性和稳定性。

4. 逆变部分

由于蓄电池输出的是直流电，因此只能给直流负载供电。而在实际生活和生产中，用电负载有直流负载和交流负载两种，当给交流负载供电时，必须将直流电转换成交流电提供给用电负载。逆变器就是将直流电转换为交流电的装置，这也是风光互补发电系统的核心部件之一，系统对其要求很高。此外，逆变器还具有自动稳压的功能，可有效地改善风光互补发电系统的供电质量。

1.2.2　风光互补发电系统的现实意义及其优势

风光互补不仅利用自然界的风能和太阳能辐射能这两种可再生资源，而且两者资源的互补性提高了产品的使用性能，满足了使用者的需求，扩大了市场的应用范围，降低了产品的成本。风光互补发电技术实现了两种新能源在自然资源的配置方面、技术方案的整合方面、性能与价格的对比上达到了对新能源综合利用的最合理。因此，从节能角度看，风能和太阳能转化为电能，用自然的可再生能源，取之不尽、用之不竭；从环保角度看，无污染、无辐射；从安全角度看，低压直流电，无触电、火灾等意外事故；从方便角度看，安装简洁、无需架线或"开膛破肚"施工，无停电、限电顾虑；从寿命角度看，科技含量高，控制系统智能化，独立自主知识产权，性能稳定可靠，寿命长达 15～20 年；从品位角度看，绿色能源、绿色照明，提升使用者和使用地的档次，标志性强；从投资角度看，一次性投资，无限产出，不用市电长期受用，维护费用偏低；从适应性强、适应范围广角度看，风光互补克服了环境和负载的限制，应用范围十分广泛。迎合国家大力提倡和鼓励使用新能源的政策，开辟"节能、降耗、减排"新的天地，更为政府大力提倡"绿色能源、绿色照明"树立标志性的直观场景。

国内外的研究结果都表明，在满足偏远无电地区居民生产和生活用电以及向偏远地区的通信系统供电方面，风光互补发电往往被证明是一种比单一光伏或风力发电以及其他能源方式（如柴油机发电）更经济、可靠的选择。它是将中小型风电技术和太阳能技术整合在一起，且运用了各领域的新技术。如果是单独的风能和太阳能的话，是无法避免各自存在的一些弊端，而将风电技术和光伏技术两者结合在一起，扬长避短，发挥互补性的作用，不仅能实现了两种新能源在自然资源配置上的优化，且同时能达到技术方案的整合，让性能与各方面的对比都达到了对新能源的最合理利用。采取风光互补发电并加入储能装置，形成风光储联合发电系统，既可以充分利用风能和光能在时间及地理上的天然互补性，也可以利用储能系统的充放电改善风光互补发电系统的功率输出特性，减缓风光发电的波动性和间歇性，并实现功率的供需平衡，降低其对电力系统的不利影响，增加电力系统对可再生能源的吸收接纳程度。

概括来说，风光互补系统具有如下几个优点：

（1）环保：风能、太阳能是绿色能源，不产生污染。小型风力发电机噪声小，不会产生噪声污染。

（2）可靠：根据风光自然资源的天然互补性，风能和太阳能的相互结合，使得系统的供电稳定性增强，季节稳定性和昼夜稳定性均能得到大幅提高，互补储供电系统可在有光无风、有风无光情况下，持续稳定地提供电能输出。

（3）高效：中小型风力发电机起动风速较低，风能利用效率高，自身耗能低，低速发电性能好，适合风能资源相对匮乏的地区。风光互补控制器对蓄电池进行监测，在蓄电池满足正常供电要求的情况下充分利用可再生能源。

（4）节省机组和蓄电池容量，便于安装维护：针对区域性风能和太阳能的资源情况，加上当地的环境气候状况，进行互补系统的优化设计，可以大大节省风力发电机和光伏电池的设计容量，获得很好的性价比，从而减小各部件体积，便于安装使用；还可以节省蓄电池的设计容量，并可延长系统的使用寿命。

1.2.3 利用风光互补发电系统的合理性

1. 资源利用的合理性

太阳能和风能是最普遍的自然资源，也是取之不尽的可再生能源。太阳能是太阳内部连续不断的核聚变反应过程产生的能量，风能则是太阳能在地球表面的一种表现形式，由于地球表面的不同形态（如沙土地面、植被地面和水面）对太阳光照的吸收能力不同，所以在地球表面形成温差，从而形成空气对流而产生风能。太阳能和风能在时间分布上有很强的互补性。白天太阳光最强时，风很小，到了晚上，光照很弱，但由于地表温差变化大而风能有所加强；在夏季，太阳光强度大而风小，冬季，太阳光强度弱而风大。太阳能和风能在时间上的互补性使得风光互补发电系统在资源利用上具有很好的匹配性[15]。

　　2. 系统配置的合理性

　　风光互补发电系统是由风电系统与光电系统组成的联合供电系统。风电系统是利用风力发电机将风能转换成电能，然后通过控制器对蓄电池充电，通过逆变器对用电负荷供电的一套系统。光电系统是利用太阳能电池板将太阳能转换成电能，然后通过控制器对蓄电池充电，通过逆变器对用电负荷供电的一套系统。

　　风电系统发电量较大，系统造价较低，但是可靠性较差。光电系统供电可靠性高，但成本相对高。单独的风能、太阳能发电系统很难保证稳定的能量输出，从而会引起系统的供电和用电负荷的不平衡，导致蓄电池处于亏电状态或过充电状态，长期运行会降低蓄电池的使用寿命，增加系统的维护投资[16]。

　　风光互补发电系统可以利用风能、太阳能的互补特性，获得比较稳定的总输出，提高发电系统的稳定性和可靠性；风光互补发电系统在资源上弥补了风电和光电独立系统在资源上的缺陷。同时，风电和光电系统在蓄电池组和逆变环节是可以通用的，所以风光互补发电系统的造价可以降低，系统成本趋于合理。

1.3　我国风光互补发电系统的背景及发展

　　近年来，随着国家"节能减排"、"开发利用可再生能源"，"可再生能源发展十二五规划"等号召的提出，以及一系列相关政策和法规的出台，太阳能和风能在国内得到了越来越广泛的应用。其中，风光互补发电系统、风光储一体化应用系统也成为可再生能源发电应用重点。由于政策、市场、技术等多重因素的推动，风光互补行业将获得大力支持和发展，市场规模将逐步扩大。

1.3.1　多重因素推动风光互补技术的发展[17]

　　在政策方面，将由注重发展风能和太阳能大型并网发电向并重发展分布式发电转变，这和西北地区太阳能和风能发电传输到东部的输送成本高不无关系。过去几年国家针对风力发电和光伏发电领域的政策主要集中在大型并网领域，风光互补主要应用领域为中小型分布式发电，在过去很长时期内缺乏政策层面上的有力支持。"十二五"期间，国家将不再一味发展大型风电基地，也将鼓励太阳能发电和风电的分布式利用，如工业和信息化部《太阳能光伏产业"十二五"发展规划》将建立分布式光伏电站、离网应用系统、光伏建筑一体化（BIPV）系统、小型光伏系统及以光伏为主的多能互补系统列为"十二五"期间光伏产业发展的主要任务之一。政策导向使得中小型分布式发电成为风力发电和光伏发电领域的重要应用形式之一，风光互补行业将获得国家政策的大力扶持。

　　市场发展方面，随着风光互补应用系统集成技术的成熟、可靠性的增强以及社会认知度的提高，风光互补的应用领域不断拓展，市场进一步细分。目前风光互补发电已被广泛应用在道路照明、景观照明、交通监控、通讯基站、大型广告牌、学校科普、家庭供电、农业杀虫、发电站以及海水淡化等领域，市场规模逐步扩大。

　　在技术上，风光互补发电是风力发电和光伏发电的综合应用，相比单一的风力发电或光伏发电，风光互补发电在稳定性、资源利用效率等方面具备明显的优势。同时，风光互补应用系统的逆变单元、控制单元等可以为风力发电系统和光伏发电系统所共用,在系统成本上也有明显的优势。经过近几年的发展,我国风光互补应用系统集成技术有了长足的进步,系统可靠性大幅提升,已处于国际领先地位。

1.3.2 近年来我国风光互补市场快速稳定发展

近年来,在市场需求的强劲拉动下,以及其他诸多因素的推动下,我国风光互补应用市场规模持续保持稳定、较快幅度的增长。

首先,风光互补是风力发电和太阳能发电的综合应用,很好地解决了单独使用风能或太阳能受季节和天气等因素的制约,提高了资源的利用效率,也增强了应用系统的可靠性,使风光互补发电比单独的风力发电和太阳能发电具有更强市场竞争力。在边远地区无电户供电、海岛供电、油井供电、道路照明、景观照明、微波中继站、铁路和公路信号系统、灯塔和航标灯电源、气象台站、地震台站、水文观测系统、通信系统等传统离网太阳能光伏发电和中小型风力发电的市场领域,已经越来越多的使用风光互补供电。

其次,由于 2010~2011 年中小型风机的出口比例在下降,中小型风机更多的应用在包括风光互补应用领域在内的国内市场,在一定程度上促进了国内风光互补应用市场的发展。据中国农机协会风能设备分会统计,2008~2009 年我国中小型风机出口量占总销量的 45%~55%,而这一比例在 2010~2011 年只有 35%。

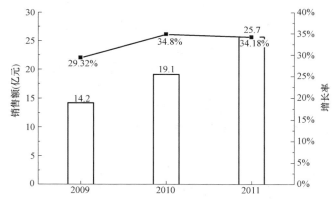

图 1-4　2009~2011 年中国光伏产品销售额与增长率(单位:亿元)

数据来源:赛迪顾问。

再次,我国风光互补发电在市政建设、城市治安监控、森林防火监控、电动汽车充换电站等领域的应用不断拓展,风光互补应用产品的种类和性能都有很大提高,也保证了其市场规模的快速增长。

如图 1-4 所示,在 2009~2011 年间,我国风光互补应用领域产品的销售额增幅保持在 29%~35% 之间,2011 年我国风光互补应用领域产品的市场销售额约为 25.7 亿元,较2010 年同期增长约 34.18%。

中国农机协会风能设备分会数据显示,风光互补产品应用在供电系统、照明系统和监控系统等领域时,需要配套的工程基建等投资,风光互补产品的销售额约占应用市场总容量的 60%~67%。依此推算,2011 年风光互补应用领域的市场规模约为 42.8 亿元。

1.3.3 我国风光互补发电系统的发展

风光互补应用领域包括了风光互补供电、照明、监控等领域，涵盖了边远地区供电、通信、石油、气象、森林防火、边防、路灯照明、景观灯、电动汽车充换电站等众多领域，未来5~10年潜在市场容量在数千亿元以上，市场推广前景十分广阔。

1.3.3.1 风光互补照明领域

城市照明领域，风光互补发电系统的应用主要用在城市路灯上。风光互补路灯不需要输电电路，不消耗电网电能。与只由太阳能供电的路灯相比，风光互补路灯有明显的优点：风能的充分利用不仅提高了能量转换率，还显著降低了太阳能系统设备的成本；使其在长期阴雨天气下仍能持续工作，提高了供电系统的稳定性。风光互补照明技术在城市道路和景观照明项目上呈现蓬勃发展势头。国务院公布的21世纪发展计划中明确了发展太阳能和风能的战略发展方向[18]。国内闻名的案例包括上海市在崇明岛大规模推广应用风光互补路灯，使该地成为新能源应用的示范基地；浙江宁波市在慈溪工业园全面应用风光互补路灯，把它作为首相规模化节能师范工程在全市推广；北京市投资4亿元进行了新农村道路照明项目建设，采用了3.5万盏太阳能路灯和风光互补路灯。这些项目的运行充分说明了风光互补发电技术在路灯照明系统中应用的光明前景。

城市路灯照明方面，2010年住房和城乡建设部统计数据显示，我国657个城市共有道路照明灯总计1774万盏，其中"十一五"期间净增567万盏。且随着国家基础建设的快速发展，未来10年城市路灯年均增加量将不低于"十一五"期间，即未来10年城市路灯照明的市场潜在需求至少在千亿元以上。而随着风光互补路灯控制技术和LED技术的进步、储能技术的提升、组件转化率的提高，未来风光互补路灯在一次性投入成本将可以和普通路灯相竞争，风光互补路灯在城市路灯领域将取得更大份额。

据交通运输部统计，截至2011年底全国高速公路总里程已达8.5万km，2020年公路网总规模将达到420万km，其中高速公路将达到12~13万km。以每公里60~80万元的路灯建设投资成本计算，新建高速公路照明的潜在市场可达200亿~400亿元。

目前全国农村公路（含县道、乡道、村道）里程达350.66万km，5年新增59.13万km，未来十年仍将有超过100万km的增加，农村道路照明市场又有很大的市场空间。若同时考虑道路照明灯的更新、市政景观照明、公交候车亭照明、户外广告牌照明、公共厕所供电的话，整个照明领域对风光互补发电的市场容量需求更大。

图1-5 户用独立风光互补发电系统

1.3.3.2 风光互补发电领域

无电户供电方面，我国农村人口众多，目前尚有220万~270万户人口居住在边远无电地区，其中至少有100万~150万户可以采用独立式风光互补发电系统来解决他们的用电问题。而无电偏远乡村往往位于风能和太阳能蕴藏量丰富的地区，因此利用风光互补发电系统解决这些偏远地区的用电问题具有很大的潜力。我国政府明确规定要大力开展太阳能、风能、地热能等新型能源开发、示范和推广，积极发展新能源利用技术。目前我国风光互补发电站主要集中在青藏高原、内蒙古自治区等偏远地区，采用独立式发电，如图1-5所示。对于我国偏远地区，如果每户按照脱贫基本用电水平测算，则潜在市场有30万kW；若按照小康用电水平，则潜在市场为150万kW。而根据世界能源大会白皮书统计，全球无电人口多达14亿人。主要是集中在亚非拉等地区，主要是由于电网建设与经济发展不匹配所造成的无电人口。而快速有效地解决措施就是使用风光互补系统，世界市场的开拓需要一个逐步地推进过程，以每户1.5万元投入计算，消灭全球1/10的无电户而带来的市场就可达上万亿元。

通信领域的基站常常远离电网，通信电站对电量的需求小，如果采用电网供电，架设输电线路的成本太高。而采用风光互补发电系统自给自足，就可以解决这一问题。在一些需要保证供电可靠性的基站，可以通过配置柴油发电机的方式保证实时通信。目前，国内三大电信运营商在多个基站和直放站中使用了风光互补发电系统，投入使用的系统运行稳定，取得了很好的经济、社会和环境效益。通信基地的建设已从城市逐渐向城镇乡村发展，在未来的几年，还在继续向不发达的西部和偏远地区发展。全国约有150万个基站，年增长率在10%左右。按照既有改造和增量合计来估算，如果每年有3万个新建或改造基站使用风光互补发电系统，其市场规模就可达15万kW。

在石油工业领域，目前全国各地油田至少有10万台抽油机在工作，如果有10%采用风光互补发电系统，则需求容量约为10万kW。况且，油田都在荒郊野外，多数油田风能和光能资源都很好，采用风光互补发电系统的比率应高于10%。

在气象环保领域，为了获得准确数据，往往要布置很多监测点，电网不能有效覆盖的地方就很难获得监测数据，因此为检测设备运转提供不间断的电源是很重要的。初步估算全国有大大小小10万多个监测点，风光互补发电市场需求约在2万~3万kW之间。

在交通供电领域，全国现有加油站约10万个、收费站约8万多个，且随着路网的不断完善，每年增长10%以上。有一半位于电网薄弱、甚至电网覆盖不到的地方，若采用风光互补发电方式，可有效降低通电、用电成本，按照每个新建站点装机20kWh计算，预计每年市场容量需求可达3万kW。

在部队营房、边防哨所和雷达站领域，我军大约有两千个边远、分散营区、边防哨所和雷达站，一般都远离城市、城镇，远离电网，都存在供电保障问题。部队生活用电功率一般为20kW左右，日用电量一般小于100kWh，负荷也多为照明、取暖、水泵等生活用电，部队对风光互补发电系统的市场容量需求大约在4万kW。

在并网发电领域，近年来，随着电子技术和数字信号技术的发展，使得风光互补发电系统与城市电网的结合成为可能。风光互补发电系统与电网进行并网发电，能有效弥补独立风电和光电系统的不足。随着市场的发展与技术的逐渐成熟，并网式风光互补发电系统将会越来越多地应用于实际生活。太阳能和风能将可能成为下一代"替代能源"。

1.3.3.3 风光互补监控领域

在森林防火监控方面，我国森林面积约为1.9亿hm²，传统森林防火主要是通过地面巡护、瞭望台监测、卫星遥感等，如果采用风光互补监控系统，这又是一个不小的市场。云南省拥有森林面积2.73亿亩，居全国第3位，投资了约2.5亿元用于森林防护监控，建立了 492 个监测点，监控覆盖了云南 1/3 的森林面积。据此推算，若全国森林监控系统都采用风光互补系统，则需要至少 78 亿元的投资。

在其他监控领域，截至 2009 年，我国已建成油气管道总长超过 6 万 km，预计未来 10 年再建 5 万 km。如果建成每公里一个的监控系统，则潜在市场在 500 亿元上下。此外，我国陆地边境线东起辽宁丹东鸭绿江口，西至广西壮族自治区防城港市的北部湾畔，总长度约 2.2 万 km，对于风光互补监控来讲，又是一个不小的市场。

1.3.3.4 农林牧副渔的应用

基于环境保护、食品安全等方面的考量，生物杀虫和物理杀虫是今后我国农业病虫害防控的发展必然趋势。我国现有基本农田 15.6 亿亩，耕地总面积 18.31 亿亩，以每 10 亩安置一个杀虫灯计算，仅农田杀虫灯就有超过上亿盏的潜在需求，风光互补杀虫灯的应用市场前景十分看好。

未来 3～5 年，随着我国对分布式能源利用的支持力度不断增强，以及风光互补产品竞争力不断提升，特别是逆变器的升级换代，风光互补产品将继续朝着高智能化、高效率、高可靠性、长寿命、绿色化等诸多方向发展。

基于上述应用领域的前景容量需求、风光互补应用系统目前的发展态势，未来风光互补应用领域的扩展，并综合考虑目前国内风光互补行业的产业和技术基础、可能存在的市场与政策的不确定性等，预计风光互补应用领域产品的市场在 2020 年之前将保持在 33%～38% 的增长幅度，实现快速增长态势，如图 1-6 所示。"十二五"期末，风光互补产品市场将超过 80 亿元，至 2016 年，预计我国风光互补产品市场将达到 114 亿元，到 2020 年，市场规模将超过 400 亿元。按风光互补产品的销售额占应用市场总容量的 60% 推算，同期应用市场的规模将分别达到 190 亿元和 681.4 亿元。总之，我国太阳能和风能资源丰富，风光互补发电系统具有良好的发展前景，不仅适用于解决偏远地区用电困难的问题，而且在许多市政项目上也有很好的应用前景。

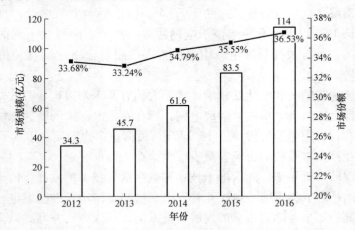

图 1-6　2012～2016 年中国风光互补产品市场规模预测

数据来源：赛迪顾问。

本章参考文献

[1] 廖明夫等. 风力发电技术 [M]. 西安：西北工业大学出版社. 2009.

［2］ 滕志飞. 风光互补分布式发供电系统设计与研制［D］. 沈阳：沈阳工业大学，2013.

［3］ 陆玲黎. 风光互补系统智能控制策略研究［D］. 无锡：江南大学，2012.

［4］ 黄汉云编著. 太阳能光伏发电应用原理［M］. 北京：化学工业出版社，2009.

［5］ 郭新生编著. 风能利用技术［M］. 北京：化学工业出版社，2007.

［6］ 尹静，张庆范. 浅析风光互补发电系统［J］. 节能与新能源。2008（8）：43-45，75.

［7］ 张瑞钰. 风光互补利用的分布式能量系统的可行性分析［D］. 北京：华北电力大学，2008.

［8］ 杨洪兴，吕琳，李恩君. 风光互补可再生能源技术的应用研究. 第八届全国光伏会议暨中日光伏论坛论文集，2004.

［9］ 王宇. 风光互补发电控制系统的研究和开发［D］. 天津：天津大学，2008.

［10］ 孙楠，邢德山，杜海玲. 风光互补发电系统的发展与应用［J］. 山西电力，2010，8（4）：54-56.

［11］ 杨洪兴，吕琳，周伟. A novel optimization sizing model for hybrid solar-wind power generation system. Solar Energy，2007，81（1）：76-84.

［12］ 周伟，杨洪兴，吕琳. Current status of research on optimum sizing of stand-alone Hybrid solar-wind power generation systems. Applied Energy，2010，87（2）：380-389.

［13］ 马涛，杨洪兴，吕琳. A feasibility study of a stand-alone hybrid solar-wind-battery system for a remote island. Applied Energy，2014，121：149-158.

［14］ 马涛，杨洪兴，吕琳. Technical feasibility study on a standalone hybrid solar-wind system with pumped hydro storage for a remote island in Hong Kong. Renewable Energy，2014，69：7-15.

［15］ 江明颖，鲁宝春，姜丕杰. 风光互补发电系统研究综述［J］. 机电信息，2013，9：60-61.

［16］ 贺炜. 风光互补发电系统的应用展望［J］. 上海电力，2008（2）：134-138.

［17］ 路远. 风光互补——新能源利用的"风光"之路［J］. 太阳能，2012，12：48-51.

［18］ 马强. 小型风光互补发电独立电源系统的优势和应用［J］. 内蒙古农业技术，2007，（7）：148-150.

第 2 章　太阳能和光伏发电技术

随着全球经济的迅速发展和世界人口的不断增加，以石油、天然气和煤炭等为主的化石能源正逐步耗尽。能源危机成为世界各国共同面临的紧迫问题，与此同时，化石能源造成的环境污染和生态失衡等一系列全球问题成为制约社会经济发展甚至威胁人类生存的严重障碍。因此，开发和利用太阳能、风能等可再生能源成为全球关注的热点和发展方向。作为新能源之一的太阳能，与传统能源相比具有许多优点，如安全可靠、无噪声、无污染、能量随处可得、不受地域限制、无需消耗燃料、无机械转动部件、故障率低、维护简便、可以无人值守、建站周期短、规模大小随意、无需架设输电线路、可以方便地与建筑物相结合等优势。伴随着科学技术的进步，太阳能光伏的发展非常迅速，在可预见的未来，太阳能将会成为日趋枯竭的传统化石类能源的有效替代物。本章主要介绍太阳能的利用和太阳能光伏发电技术的一些基本知识。

2.1　太阳能资源

2.1.1　太阳能资源分布

我国幅员辽阔，有着十分丰富的太阳能资源。据估算，我国陆地表面每年接受的太阳辐射能约为 50×10^{18} kJ，全国各地太阳年辐射总量达 $335 \sim 837$ kJ/cm^2，平均为 586kJ/cm^2。从全国太阳年辐射总量的分布来看，西藏、青海、新疆、内蒙古南部、山西、陕西北部、河北、山东、辽宁、吉林西部、云南中部和西南部、广东东南部、福建东南部、海南岛东部和西部等广大地区的太阳辐射总量很大。尤其是西藏和青藏高原地区最大，那里平均海拔高度在 4000 m 以上，大气层薄而清洁，透明度好，纬度低，日照时间长。例如被人们称为"日光城"的拉萨市，年平均日照时间为 3005.7h，相对日照为 68%，年平均晴天为 108.5d，阴天为 98.8d，年平均云量为 4.8，太阳总辐射为 816 kJ/cm^2，比全国其他地区和同纬度的地区都高。全国以四川和贵州两省的太阳年辐射总量最小，特别是四川盆地，那里雨多、雾多，晴天较少。例如成都市，年平均日照时数仅为 1152.2h，相对日照为 26%，年平均晴天为 24.7d，阴天达 244.6d，年平均云量高达 8.4。其他地区的太阳年辐射总量居中。

我国太阳能资源分布的主要特点有：太阳能的高值中心和低值中心都处在北纬 22°～35°这一带，青藏高原是高值中心，四川盆地是低值中心；太阳年辐射总量，西部地区高于东部地区，而且除西藏和新疆外，基本上是南部低于北部；由于南方多数地区云雾雨多，在北纬 30°～40°地区，太阳能的分布情况与一般的太阳能随纬度而变化的规律相反，太阳能不是随着纬度的增加而减少，而是随着纬度的增加而增长。按照接受太阳能辐射量的大小，全国大致上可分为四类地区，相关参数如表 2-1 所示。

2.1.2　太阳能资源计算

了解一些基本知识对更好地理解和使用风光互补技术是十分必要的。这些基本知识包括对太阳光谱和太阳辐射的认识以及如何评价太阳能资源等[1]。

中国太阳能资源分布 表 2-1

颜色分类	地区类别	年辐射量 (kWh/m²)	所占比例 (%)	地区
最丰富	Ⅰ类地区	≥1750	17.4	西藏,新疆南部,青海,甘肃,内蒙古西部
很丰富	Ⅱ类地区	1400~1750	42.7	新疆北部,东北,内蒙古东北部,华北,江苏北部,黄土高原,青海和甘肃东部,四川西部,横断山,福建,广东南部,海南
充足	Ⅲ类地区	1050~1400	36.3	东南丘陵地区,汉水流域,广西西部
一般	Ⅳ类地区	<1050	3.6	四川和贵州

2.1.2.1 太阳辐射光谱

太 阳 辐 射 光 谱 表 2-2

	紫外光谱	可见光谱	红外光谱
波长(nm)	0~380	380~780	780~10⁶
所占太阳光谱比例	6.4%	48%	45.6%
能量(W/m²)	87	656	623

假设太阳的表面是个黑体,在大约 5250 ℃温度下,黑体辐射产生的太阳辐射光谱如表 2-2 所示。太阳光谱被主要分成三个宽波段,即紫外光谱、可见光谱和红外光谱。在太阳能电池设计中,研究人员一般是希望太阳能电池尽可能吸收来自太阳的各种光谱,以追求获得最高的太阳电池效率。太阳辐射光谱如图 2-1 所示。

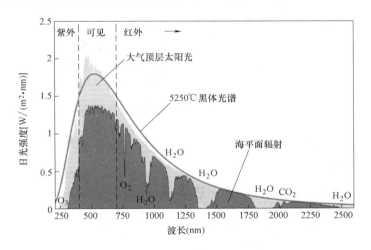

图 2-1 太阳辐射光谱

2.1.2.2 太阳辐射到地球的能量

太阳辐射到地球表面的能量,要经过吸收、反射和直射。对于吸收,主要包括水蒸气、CO_2 对太阳光谱远红外部分的吸收,臭氧层对于紫外辐射的吸收。需要说明的是,这些被吸收的能量一般不为太阳能电池所利用。太阳光谱除了被吸收外,还有一部分被大气中的颗粒散射后到达地球表面,同时也有一部分散射能量被辐射到地球表面以外的空间。除了这些，大约有 70％的太阳辐射能直接到达地球表面，这就是常说的直射辐射。直射辐射就是地球表面直接来自太阳的辐射，没有经过任何散射。

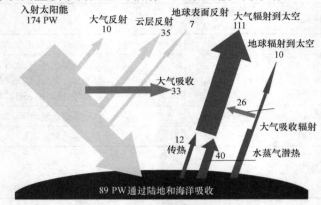

图 2-2　太阳辐射到地球的能量损失

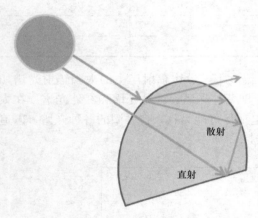

图 2-3　直射和散射示意图

太阳散射辐射又称天空散射辐射。太阳辐射遇到大气中的气体分子、尘埃等产生散射，以漫射形式到达地球表面的辐射能。大气有分子散射和微粒散射两种形式。气体分子对波长越短的射线散射越明显。尘埃、烟雾、水滴等微粒对波长与粒子大小相同的射线散射能力较强。散射辐射强度一般用带有能遮挡直线光的装置的总日射计量测。来自太阳辐射的能量如果按照入射太阳能能量 174 PW 计算，最终可通过陆地和海洋吸收的为 89PW，具体太阳能比例及太阳能分布如图 2-2 所示，图 2-3 则更直观体现了太阳能辐射到地球表面的形式，即直射和散射。

2.1.2.3　大气质量

大气质量（Air Mass），简称 AM。太阳光在其到达地球的平均距离处的自由空间中的辐射强度被定义为太阳能常数，取值为 $1353W/m^2$。大气对地球表面接收太阳光的影响程度被定义为大气质量。大气质量为零的状态（AM 0），是指在地球外空间接收太阳光的情况，适用于人造卫星和宇宙飞船等应用场合。大气质量为 1 的状态（AM 1），是指太阳光直接垂直照射到地球表面的情况，其入射光功率为 925 W/m^2。相当于晴朗夏日在海平面上所承受的太阳光。这两者的区别在于大气对太阳光的衰减，主要包括臭氧层对紫外线的吸收、水蒸气对红外线的吸收以及大气中尘埃和悬浮物的散射等。在太阳光入射光线与地面法线间的夹角为 θ 时，大气质量为 $AM = 1/\cos\theta$。当 $\theta = 48.2°$ 时，大气质量为 AM1.5，是指典型晴天时太阳光照射到一般地面的情况，其辐射总量为 $1kW/m^2$，常用于太阳能电池和组件效率测试时的标准。AM 示意如图 2-4 所示。

2.1.2.4　太阳能资源的计算

太阳能资源的数量一般以到达地面的太阳总辐射量来表示。太阳总辐射量与天文因

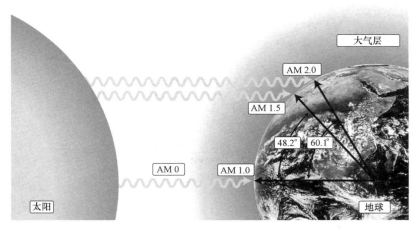

图 2-4 AM 示意图

子、物理因子、气象因子等关系密切，在实际工作中通常利用半经验、半理论的方法，建立各月太阳总辐射量与相关因子之间的经验公式，计算各月太阳总辐射量，从而得到掌握每年太阳能资源的数量。下文简单介绍一些相关参数和计算步骤。

1. 太阳赤纬

太阳赤纬是影响天文总辐射量的重要天文因子之一，由式（2-1）和式（2-2）计算得出：

$$\delta = 0.3723 + 23.2567\sin x + 0.1149\sin 2x - 0.1712\sin 3x$$
$$- 0.7580\cos x + 0.3656\cos 2x + 0.0201\cos 3x \tag{2-1}$$

$$x = 2\pi \times 57.3 \times (N + \Delta N - N_0)/365.2422 \tag{2-2}$$

一年内任何一天的赤纬角 δ 可用下式计算：$\sin\delta = 0.39795\cos[0.98563(N-173)]$。

式中，N 为按天数顺序排列的积日。1 月 1 日为 0，2 日为 1，其余类推，12 月 31 日为 364（平年），闰年 12 月 31 日为 365。$N_0 = 79.6764 + 0.2422(y-1985) - INT[0.25 \times (y-1985)]$，其中 Y 为年份，$INT(X)$ 为不大于 X 的最大整数的标准函数。

ΔN 为积日订正值，由观测地点与格林尼治经度差产生的时间差订正值 L 和观测时刻与格林尼治 0 时时间差订正值 W 两项组成。

$$\Delta N = (W-L)/24 \tag{2-3}$$
$$\pm L = (D + M/60)/15 \tag{2-4}$$
$$W = S + F/60 \tag{2-5}$$

式中　D——计算点经度的度值；

　　　M——计算点的分值；

　　　L——时间差订正值，东经取负号，西经取正号，在我国取负号；

　　　S——计算时刻的时值；

　　　F——计算时刻分值。

计算中取 $S=12$，$F=0$。

2. 日地相对距离

日地相对距离是计算日天文总辐射时使用的参数，可以用式（2-6）计算：

$$\rho^2 = 1.000423 + 0.032359\sin x + 0.000086\sin 2x$$
$$- 0.008349\cos x + 0.000115\cos 2x \tag{2-6}$$

式中 x 由式（2-2）计算。

3. 可照时数

可照时数是计算日照百分率时用到的参数，可用式（2-7）和式（2-8）进行计算：

$$\sin\frac{T_B}{2} = \sqrt{\frac{\sin\left(45° + \dfrac{\phi - \delta + \gamma}{2}\right)\sin\left(45° - \dfrac{\phi - \delta - \gamma}{2}\right)}{\cos\phi\cos\delta}} \tag{2-7}$$

$$T_A = 2 \times T_B \tag{2-8}$$

式中　T_B——半日可照时数；

　　γ——蒙气差，$\gamma = 34$；

　　ϕ——当地纬度；

　　δ——太阳赤纬。

4. 时差

$$E_Q = 0.0028 - 1.9857\sin x + 9.9059\sin 2x - 7.0924\cos x - 0.6882\cos 2x \tag{2-9}$$

式中 x 由式（2-2）计算。

5. 太阳时

$$TT = C_T \pm L + E_Q \tag{2-10}$$

式中　C_T——北京时；

　　L——经度时差，由式（2-4）计算；

　　E_Q——时差，由式（2-9）计算。

6. 月日照百分率的计算

$$S_1 = INT(S/T_A) \tag{2-11}$$

式中　S——月日照时数；

　　T_A——月可照时数。

7. 日天文总辐射量的计算

$$Q_n = \frac{TI_0}{\pi\rho^2}(\omega_0\sin\varphi\sin\delta + \cos\varphi\cos\delta\sin\omega_0) \tag{2-12}$$

式中　Q_n——日天文辐射总量，单位为 MJ/(m·d)；

　　T——周期 $24 \times 60 \times 60$s；

　　I_0——太阳常数，$I_0 = 13.67 \times 10^{-4}$MJ/(m·s)；

　　ρ^2——日地相对距离，取 1.000435；

　　ω_0——日落时角，$\omega_0 = \arccos(-\tan\phi\tan\delta)$；

　　φ——地理纬度；

　　δ——太阳直射角。

8. 月太阳总辐射量计算

由于我国太阳辐射观测站点较少，对有观测的站点，计算其月太阳总辐射量可以用每天的观测值进行累加，对于计算无观测地点的月太阳总辐射，用经验公式（2-13）计算：

$$Q = Q_0 \ (a + bS_1) \tag{2-13}$$

式中　Q_0——月天文辐射量，由（2-12）式计算出当月逐日天文总辐射量，然后相加；

S_1——当月的日照时数百分率；

a，b——经验系数，根据计算点附近的日射站观测资料，利用最小二乘法计算求出。

系数 a，b 的确定：首先选择计算点附近有太阳辐射观测气象台站，作为计算系数的参考点。根据参考点历年观测的太阳总辐射和日照百分率，计算系数 a 和 b，其计算如下。

$$b = \frac{\sum_{i=1}^{n} (S'_{1i} - \overline{S'_1})(y_i - \overline{y})}{\sum_{i=1}^{n} (S'_{1i} - \overline{S'_1})^2} \tag{2-14}$$

$$a = \overline{y} - b\overline{S'_1} \tag{2-15}$$

式中　S'_{1i}——参考站点的逐年月日照百分率；

$\overline{S'_1}$——参考点月日照百分率的平均值；

y_i——参考站点逐年月辐射总量与月天文辐射总量的比值，$y_i = Q'_i / Q'_0$；

$\overline{y}$——参考站点逐年月辐射总量与月天文辐射总量的比值的平均值；

n——选取观测资料的年数。

在计算过程中，应该注意我国 1981 年 1 月 1 日开始使用世界辐射测量基准（WRR），在此之前使用的是国际直接日射表标尺（IPS），两者关系为：

$$\frac{WRR}{IPS'} = 1.022 \tag{2-16}$$

因此，在 1981 年 1 月 1 日以前，我国所有辐射资料换成 WRR 必须乘系数 1.022。

2.1.3　太阳能资源的评估

为了更充分地开发和利用太阳能资源，根据太阳能资源中的一些主要指标进行太阳能资源进行的评估是十分必要的[2]。下文简单介绍评估太阳能资源的几个方面。

1. 评估太阳能资源的丰富程度

以太阳总辐射的年总量为指标，进行太阳能资源丰富程度评估。具体的资源丰富程度等级见表 2-3。

太阳能资源丰富程度等级　　　　　　　　　　　　　　　　　　　表 2-3

指　标	资源丰富程度
≥1740kWh/(m² · a)	资源丰富
1400～1740kWh/(m² · a)	资源较丰富
1160～1400kWh/(m² · a)	资源较贫乏
<1160kWh/(m² · a)	资源贫乏

2. 评估太阳能资源的利用价值

利用各月日照时数大于 6h 的天数为指标，反映一天中太阳能资源的利用价值。一天中日照时数如小于 6h，其太阳能一般没有利用价值。

3. 评估太阳能资源的稳定程度

一年中各月日照时数大于 6h 的天数最大值与最小值的比值，可以反映当地太阳能资源全年变幅的大小，比值越小说明太阳能资源全年变化越稳定，就越利于太阳能资源的利用。此外，最大值与最小值出现的季节也反映了太阳能资源的一种特征。

4. 评估太阳能资源的日最佳利用时段

利用太阳能日变化的特征作为指标，评估太阳能资源日变化规律。以当地正太阳时9∶00～10∶00 的年平均日照时数作为上午日照情况的代表，以正太阳时 11∶00～13∶00 的年平均日照时数作为中午日照情况的代表，以正太阳时 14∶00～15∶00 的年平均日照时数作为下午日照情况的代表。哪一段时期的年平均日照时数长，则表示该段时间是一天中最有利太阳能资源利用的时段。

2.2 太阳能光热利用

目前太阳能的利用形式主要有光热和光伏发电两种形式。光热利用具有低成本、方便、利用效率较高等优点，但不利于能量的传输，一般只能就地使用，而且输出能量形式不具备通用性。光伏发电以电能作为最终表现形式，具有传输极其方便的特点，在通用性、可存储性等方面具有前者无法替代的优势。且由于太阳能电池的原料硅的储量十分丰富、太阳能电池转换效率的不断提高、生产成本的不断下降，都促使太阳能光伏发电在能源、环境和人类社会未来发展中占据重要地位。

二十几年来，中国太阳能热利用产业从无到有，发展异常迅猛，尤其是在金融危机下，太阳能成为拉动经济增长的新亮点。在新能源产业中，太阳能热利用是发展最快、自有技术含量最高、普及率最高、节能效果明显的产业。随着优势不断凸显，其社会地位和影响力迅速提高。尤其是进入 2009 年，太阳能热水器先是被国家列入家电下乡之列，享受政府 13％的补贴待遇，紧接着，国家每年将投资 100 亿元，支持可再生能源示范城市建设。可见，太阳能面临着前所未有的发展机遇。

太阳能热利用的基本原理是用太阳能集热器将太阳辐射能收集起来，通过与物质的相互作用转换成热能加以利用，是新能源和可再生能源的重要组成部分。按照太阳能光热利用温度的不同，可以分为低中温利用和高温利用。目前低中温利用较多的有太阳能热水器、太阳房、太阳能空调、太阳能海水淡化以及太阳能干燥技术等。高温利用较多的有太阳灶、太阳能光热发电和太阳能冶金等。本节将介绍几个典型的应用案例。

2.2.1 太阳能热水器

热水器是太阳能热利用中商业化程度最高、应用最普遍的技术。太阳能热水器将太阳光能转化为热能，将水从低温度加热到高温度，以满足人们在生活、生产中的热水使用。

太阳能热水器按结构形式分为真空管式太阳能热水器和平板式太阳能热水器，以真空管式太阳能热水器为主，占据国内 95％的市场份额。真空管式家用太阳能热水器是由集热管、储水箱及支架等相关附件组成，把太阳能转换成热能主要依靠集热管，集热管利用热水上浮冷水下沉的原理，使水产生微循环而达到所需热水。具体来讲，阳光穿过吸热管的第一层玻璃照到第二层玻璃的黑色吸热层上，将太阳光能的热量吸收，由于两层玻璃之间是真空隔热的，热量不能向外传，只能传给玻璃管里面的水，使玻璃管内的水加热，加热的水便沿着玻璃管受热面往上进入保温储水桶，桶内温度相对较低的水沿着玻璃管背光面进入玻璃管补充，如此不断循环，使保温储水桶内的水不断加热，从而达到热水的目的。太阳能热水器是由集热部件（真空管式为真空集热管，平板式为平板集热器）、保温水箱、支架、连接管道、控制部件等组成。太阳能热水器工作原理及构成器件如图 2-5 所示。

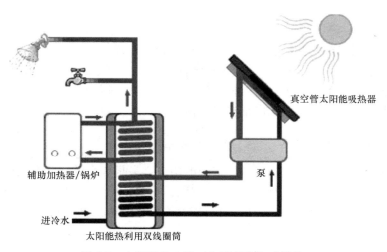

图 2-5　太阳能热水器工作原理及构成器件

1. 集热器

系统中的集热元件。其功能相当于电热水器中的电热管。与电热水器、燃气热水器不同的是，太阳能集热器利用的是太阳的辐射热量，故而加热时间只能在太阳照射度达到一定值的时候。

目前我国市场上最常见的是全玻璃太阳能真空集热管。结构分为外管、内管，在内管外壁镀有选择性吸收涂层。而平板集热器的集热面板上镀有黑铬等吸热膜，金属管焊接在集热板上，平板集热器较真空管集热器成本稍高，近几年平板集热器呈现上升趋势，尤其在高层住宅的阳台式太阳能热水器方面有独特优势。全玻璃太阳能集热真空管一般为高硼硅特硬玻璃制造，选择性吸热膜采用真空溅射选择性镀膜工艺。

2. 保温水箱

储存热水的容器。通过集热管采集的热水必须通过保温水箱储存，防止热量损失。太阳能热水器的容量是指热水器中可以使用的水容量，不包括真空管中不能使用的容量。对承压式太阳能热水器，其容量指可发生热交换的介质容量。

太阳能热水器保温水箱由内胆、保温层、水箱外壳三部分组成。水箱内胆是储存热水的重要部分，其材料强度和耐腐蚀性至关重要，市场上有不锈钢、搪瓷等材质。保温层保温材料的好坏直接关系着保温效果，在寒冷季节尤其重要。较好的保温方式是聚氨酯整体发泡工艺保温。外壳一般为彩钢板、镀铝锌板或不锈钢板。

3. 支架

支撑集热器与保温水箱的架子。要求结构牢固，稳定性高，抗风雪，耐老化，不生锈。材质一般为不锈钢、铝合金或钢材喷塑。

4. 连接管道

太阳能热水器中冷水先进入蓄热水箱，然后通过集热器将热量输送到保温水箱。蓄热水箱与室内冷、热水管路相连，使整套系统形成一个闭合的环路。设计合理、连接正确的太阳能管道对太阳能系统是否能达到最佳工作状态至关重要。太阳能管道必须做保温处理，北方寒冷地区需要在管道外壁铺设伴热带，以保证用户在寒冷冬季也能用上太阳能热水。

5. 控制部件

一般家用太阳能热水器需要自动或半自动运行，控制系统是不可少的，常用的控制器是自动上水、水满断水并显示水温和水位，带电辅助加热的太阳能热水器还有漏电保护、防干烧等功能。市场上还有手机短信控制的智能化太阳能热水器，具有水位查询、故障报警、启动上水、关闭上水、启动电加热等功能，方便用户使用。

2.2.2 太阳能海水淡化技术

人类利用太阳能淡化海水已经有了很长的历史。最早有文献记载的太阳能淡化海水的工作，是 15 世纪由一名阿拉伯炼丹术士实现的。这名炼丹术士使用抛光的大马士革镜进行太阳能蒸馏。世界上第一个大型的太阳能海水淡化装置，于 1872 年在智利北部的 Las Salinas 建造。它由许多宽 1.14m、长 61m 的盘形蒸馏器组合而成，总面积 4700m²。在晴天条件下，它每天生产 2.3 万升淡水 [4.9L/(m² · d)]。这个系统一直运行了近 40 年。

人类早期利用太阳能进行海水淡化，主要是利用太阳能进行蒸馏，所以早期的太阳能海水淡化装置一般都称为太阳能蒸馏器。早期的太阳能蒸馏器由于水产量低、初期成本高，因而在很长一段时间里受到人们的冷落。第一次世界大战之后，太阳能蒸馏器再次引起了人们极大的兴趣。当时不少新装置被研制出来，比如顶棚式、倾斜幕芯式、倾斜盘式以及充气式太阳能蒸馏器等，为当时的海上救护以及人们的生活用水解决了很大问题。

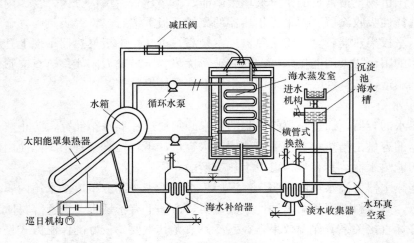

图 2-6 典型的太阳能海水淡化装置

如图 2-6 所示，典型的太阳能蒸馏器的运行原理是利用太阳能产生热能驱动海水发生相变过程，即产生蒸发与冷凝。运行方式一般可分为直接法和间接法两大类。顾名思义，直接法系统直接利用太阳能在集热器中进行蒸馏，而间接法系统的太阳能集热器与海水蒸馏部分是分离的。近 20 多年来，已有不少学者对直接法和间接法的混合系统进行了深入研究，并根据是否使用其他的太阳能集热器又将太阳能蒸馏系统分为主动式和被动式两大类[3]。

被动式太阳能蒸馏系统的例子就是盘式太阳能蒸馏器，人们对它的应用有了近150年的历史。由于它结构简单、取材方便，至今仍被广泛采用。目前对盘式太阳能蒸馏器的研究主要集中于材料的选取、各种热性能的改善以及将它与各类太阳能集热器配合使用上。目前，比较理想的盘式太阳能蒸馏器的效率约在35%，晴天时，产水量一般在3～4kg/m。如果在海水中添加浓度为172.5ppm的黑色萘胺，蒸馏水产量可以提高约30%。

被动式太阳能蒸馏系统的一个严重缺点是工作温度低，产水量不高，也不利于在夜间工作和利用其他余热。为此，人们提出了数十种主动式太阳能蒸馏器的设计方案，并对此进行了大量研究。在主动式太阳能蒸馏系统中，由于配备有其他的附属设备，使其运行温度得以大幅提高，或使其内部的传热传质过程得以改善。而且，在大部分主动式太阳能蒸馏系统中，都能主动回收蒸汽在凝结过程中释放的潜热，因而这类系统能够得到比传统太阳能蒸馏器高一至数倍的产水量。

2.2.3 太阳能光热发电

太阳能光热发电是指利用大规模阵列抛物或碟形镜面收集太阳热能，通过换热装置提供蒸汽，结合传统汽轮发电机的工艺，从而达到发电的目的。采用太阳能光热发电技术，避免了昂贵的硅晶光电转换工艺，可以大大降低太阳能发电的成本。而且，这种形式的太阳能利用还有一个其他形式的太阳能转换所无法比拟的优势，即太阳能所烧热的水可以储存在巨大的容器中，在太阳落山后几个小时仍然能够带动汽轮发电。太阳能光热发电的原理是通过反射镜将太阳光汇聚到太阳能收集装置，利用太阳能加热收集装置内的传热介质（液体或气体），再加热水形成蒸汽带动或者直接带动发电机发电。

太阳能热发电是太阳能高温热利用的重要方面，我国在这方面处于世界领先水平。如皇明集团最新研制的高温镀膜集热钢管，是菲涅尔式太阳能热发电装置的核心部件，该产品已经出口到美国、德国、西班牙、澳大利亚等地，目前世界上只有我国掌握这一项关键技术。依照皇明的计划，要将太阳能高温发电打造成我国又一新兴支柱产业。

太阳能热发电一般分为槽式发电系统、塔式发电系统和碟式发电系统和菲涅尔式，下文分别简单地介绍一些系统。

2.2.3.1 槽式发电系统

槽式太阳能热发电系统全称为槽式抛物面反射镜太阳能热发电系统，是将多个槽型抛物面聚光集热器经过串并联的排列，加热工质，产生过热蒸汽，驱动汽轮机发电机组发电（见图2-7）。20世纪80年代初期，以色列和美国联合组建了LUZ太阳能热发电国际有限公司。从成立开始，该公司集中力量研究开发槽式太阳能热发电系统。1985～1991年的6年间，在美国加州沙漠相继建成了9座槽式太阳能热发电站，总装机容量353.8 MW，并入网营运。经过努力，电站的初次投资由1号电站的4490美元/kW降到8号电站的2650美元/kW，发电成本从24美分/kWh降到8美分/kWh。

要提高槽式太阳能热发电系统的效率与正常运行，涉及两个方面的控制问题：一个是自动跟踪装置，要求槽式聚光器时刻对准太阳，以保证从源头上最大限度地吸收太阳能，据统计跟踪可获得比非跟踪高出37.7%的能量。另外一个是要控制传热液体回路的温度

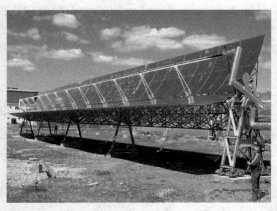

图 2-7　LUZ 槽式发电系统

与压力，满足汽轮机的要求实现系统的正常发电。针对这两个控制问题，国内外学者都展开了研究，并取得了一定的研究进展。

我国德州华园新能源应用技术研究所与中国科学院电工所、清华大学等科研单位联手研制开发的槽式太阳能中高温热利用系统，设备结构简单、安装方便，整体使用寿命可达 20 年，可以很好地应用于槽式太阳能热发电系统。由于太阳能反射镜是固定在地上的，所以不仅能更有效地抵御风雨的侵蚀破坏，而且还可大大降低反射镜支架的造价。更为重要的是，该技术突破了以往一套控制装置只能控制一面反射镜的限制。采用菲涅尔凸透镜技术可以对数百面反射镜进行同时跟踪，将数百或数千平方米的阳光聚焦到光能转换部件上（聚光度约 50 倍，可以产生三、四百度的高温），改变了以往整个工程造价大部分为跟踪控制系统成本的局面，使其在整个工程造价中只占很小的一部分。同时，对集热核心部件镜面反射材料，以及太阳能中高温直通管采取国产市场化生产，降低了成本，并且在运输安装费用上节省大量费用。这两项突破彻底克服了长期制约槽式太阳能在中高温领域内大规模应用的技术障碍，为实现太阳能中高温设备制造标准化和产业化、规模化运作开辟了广阔的道路。

2.2.3.2　塔式发电系统

塔式太阳能发电系统工作原理是采用安装了自动跟踪系统的反射器阵列反射太阳光到塔上的接收器，驱动机器运转带动发电机发电（见图 2-8）。1973 年，世界性石油危机的爆发刺激了人们对太阳能技术的研究与开发。相对于太阳能电池的价格昂贵、效率较低，太阳能热发电的效率较高、技术比较成熟。许多工业发达国家都将太阳能热发电技术作为国家研究开发的重点。1981~1991 年的 10 年间，全世界建造了装机容量达 500kW 以上的各种不同形式的兆瓦级太阳能热发电试验电站 20 余座，其中主要形式是塔式电站，最大发电功率为 80MW。由于单位容量投资过大，且降低造价十分困难，因此太阳能热发电站的建设逐渐冷落下来。但对塔式太阳能热发电的研究开发并未完全中止。1980 年，美国在加州建成太阳 I 号塔式太阳能热发电站，装机容量 10MW。经过一段时间试验运行后，在此基础上又建造了太阳 II 号塔式太阳能热发电站，并于 1996 年 1 月投入试验运行。表 2-4 总结了世界上一些正在运行的塔式热发电厂数据。

2.2.3.3　盘式发电系统

盘式（又称碟式）太阳能热发电系统（抛物面反射镜斯特林系统）是由许多镜子组成的抛物面反射镜组成，接收器在抛物面的焦点上，接收器内的传热工质被加热到 750℃左右，驱动发动机进行发电（见图 2-9）。盘式太阳能热发电系统是世界上最早出现的太阳能动力系统。近期，盘式太阳能热发电系统的研发主要集中在单位功率质量比更小的空间电源。盘式太阳能热发电系统可充分利用空间，例如，1983 年美国加州喷气推进试验室完成的盘式斯特林太阳能热发电系统，其聚光器直径为 11m，最大发电功率为 24.6kW，转换效率为29%。1992年德国一家工程公司开发的一种盘式斯特林太阳能热发电系统的发电功率为9kW，到1995年3月底，累计运行了17000h，峰值净效率20%，月净效率16%。

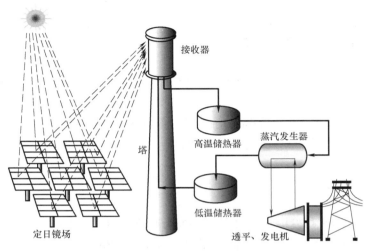

图2-8 塔式太阳能发电系统

塔式发电系统电厂数据 表2-4

电厂	安装功率(MW)	年发电(GWh)	国家	公司	年份
Ivanpah Solar Power Facility	600（U/C）	420	美国	Bright Source Energy	2013
Crescent Dunes Solar Energy Project	110（U/C）	500	美国	Solar Reserve	2013
PS20 solar power tower	20	44	西班牙	Abengoa	2009
Gemasolar	17	100	西班牙	Sener	2011
PS10 solar power tower	11	24	西班牙	Abengoa	2006
Sierra SunTower	5		美国	eSolar	2009
Jülich Solar Tower	1.5		德国		2008
Greenway CSP Mersin Solar Plant	5		土耳其	Greenway CSP	2013

图2-9 盘式太阳能热发电系统

25

美国热发电计划与 Cummins 公司合作，从 1991 年开始开发商用的 7kW 碟式/斯特林发电系统，5 年投入经费 1800 万美元。1996 年，Cummins 向电力部门和工业用户交付 7 台碟式发电系统，计划 1997 年生产 25 台以上。Cummins 预计 10 年后年生产超过 1000 台。该种系统适用于边远地区独立电站。美国热发电计划还同时开发 25kW 的碟式发电系统。25kW 是经济规模，因此成本更加低廉，而且适用于更大规模的离网和并网应用。1996 年在电力部门进行实验，1997 年开始运行。

2.2.3.4 菲涅尔式发电系统

菲涅尔式太阳能热发电系统的工作原理类似槽式光热发电，只是采用菲涅耳结构的聚光镜来替代抛面镜。这使得它的成本相对来说低廉，但效率也相应降低。此类系统由于聚光倍数只有数十倍，因此加热的水蒸气质量不高，使整个系统的年发电效率仅能达到 10%左右；但由于系统结构简单、直接使用导热介质产生蒸汽等特点，其建设和维护成本也相对较低。

2.3 太阳能发电技术

太阳能发电分为光热发电和光伏发电。通常说的太阳能发电指的是太阳能光伏发电，简称"光电"。光伏发电是利用半导体界面的光电效应（Photoelectric Effect）而将光能直接转变为电能的一种技术。这种技术的关键元件是太阳能电池。太阳能电池经过串并联后进行封装保护，可形成大面积的太阳能电池组件，再配合上功率控制器等部件就形成了光伏发电装置。

理论上讲，光伏发电技术可以用于任何需要电源的场合，上至航天器，下至家用电源，大到兆瓦级电站，小到玩具，光伏电源无处不在。太阳能光伏发电的最基本元件是太阳能电池（片），有单晶硅、多晶硅、非晶硅和薄膜电池等。其中，单晶硅和多晶硅电池用量最大，非晶硅电池过去主要用于一些小系统和计算器辅助电源等，目前也开始大规模商业化。通常，光伏发电产品主要用于三大方面：一是为无电场合提供电源；二是太阳能日用电子产品，如各类太阳能充电器、太阳能路灯和太阳能草地各种灯具等；三是并网发电，这在发达国家已经大面积推广实施[4]。

2.3.1 太阳能电池

太阳能电池是利用光电转换原理使太阳的辐射光通过半导体物质转变为电能的一种器件，这种光电转换过程通常叫做"光电效应"，常规太阳能晶硅电池装置如图 2-10 所示。用于太阳能电池的半导体材料硅原子的外层的电子，按固定轨道围绕原子核转动。当受到外来能量的作用时，这些电子就会脱离轨道而成为自由电子，并在原来的位置上留下一个"空穴"，在纯净的硅晶体中，自由电子和空穴的数目是相等的。如果在硅晶体中掺入硼、镓等元素，由于这些元素能够俘获电子，它就成了空穴型半导体，通常用符号 P 表示；如果掺入能够释放电子的磷、砷等元素，它就成了电子型半导体，以符号 N 代表。若把这两种半导体结合，交界面便形成一个 P-N 结。太阳能电池的奥妙就在这个"结"上，P-N 结就像一堵墙，如同二极管阻碍着电子和空穴的移动，电子只可以从 P 型区移动到 N 型区。当太阳能电池受到阳光照射时，电子接收光能，向 N 型区移动，使 N 型区带负电，同时空穴向 P 型区移动，使 P 型区带正电。这样，在 P-N 结两端便产生了电动势，也就是通常所说的电压。这种现象就是上面所说的"光电效应"。如果这时分别在 P 型层和 N 型层焊上金属导线，接通外部负载，外电路便有电流通过。如把这样一个个电池元件串联或者并联起来，就能产生一定的电压和电流，以及输出功率。制造太阳能电池的半导体材料已知的有十几种，因此太阳能电池的种类也很多。

1953 年，美国贝尔研究所首先应用这个原理试制成功硅太阳能电池，其光电转换效率达 6％。当时，太阳能电池的出现好比一道曙光，尤其是航天领域的科学家，对它更是关注。这是由于当时宇宙空间技术的发展，人造地球卫星上天，卫星和宇宙飞船上的电子仪器和设备，需要足够的持续不断的电能，而且要求重量轻、寿命长、使用方便、能承受各种冲击、振动的影响。太阳能电池完全满足这些要求，1958 年，美国的"先锋一号"人造卫星就是用了太阳能电池作为电源，成为世界上第一个用太阳能供电

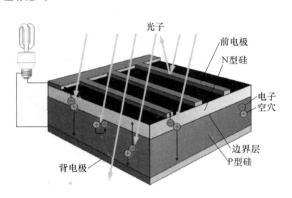

图 2-10　太阳能电池结构与工作原理图

的卫星，空间电源的需求使太阳能电池作为尖端技术，身价百倍。现在，各式各样的卫星和空间飞行器上都装上了布满太阳能电池的"翅膀"，使它们能够在太空中长久遨游。我国则在 1958 年开始进行太阳能电池的研制工作，并于 1971 年将研制的太阳能电池用在了发射的第二颗卫星上。以太阳能电池作为电源可以使卫星安全工作达 20 年之久，而化学电池只能连续工作几天。然而空间应用范围有限，当时太阳能电池造价昂贵，发展受限。到了 20 世纪 70 年代初，世界石油危机促进了新能源的开发，太阳能电池开始转向地面应用，并随着技术不断进步，光电转换效率提高，成本大幅度下降。时至今日，光电转换已展示出广阔的应用前景。太阳能电池近年也被人们用于生产、生活的许多领域。

当前，太阳能电池的开发应用已逐步走向商业化、产业化；小功率小面积的太阳能电池在一些国家已大批量生产，并得到广泛应用；同时人们正在开发光电转换率高、成本低的太阳能电池。可以预见，太阳能电池很有可能成为替代煤和石油的重要能源之一，在人们的生产、生活中占有越来越重要的位置。

2.3.2　太阳能电池的组成与分类

根据所用材料的不同，太阳能电池可分为：硅太阳能电池、多元化合物薄膜太阳能电池、聚合物多层修饰电极型太阳能电池、纳米晶太阳能电池、有机太阳能电池、塑料太阳能电池，而其中硅太阳能电池是发展最成熟的，在应用中居主导地位。

2.3.2.1　硅太阳能电池

硅太阳能电池又可分为单晶硅太阳能电池、多晶硅太阳能电池和非晶硅薄膜太阳能电池三种。单晶硅太阳能电池转换效率最高，技术也最为成熟。在实验室里最高的转换效率为 25％，规模生产时的效率约为 18％～20％。在大规模应用和工业生产中仍占据主导地位。由于硅材料占太阳能电池成本中的绝大部分，降低硅材料的成本是光伏应用的关键。浇铸多晶硅技术是降低成本的重要途径之一，该技术省去了昂贵的单晶拉制过程，也能用

较低纯度的硅作投炉料，材料及电能消耗方面都较省。多晶硅太阳能电池效率略低于单晶硅太阳能电池，市场份额仅次于单晶硅太阳能电池。

硅太阳能电池作为市场最为成熟的商业化太阳能电池之一，目前在提高该太阳能电池效率和降低生产成本方面依然具有不少的空间。香港理工大学屋宇设备工程学系杨洪兴教授课题组近年来在开发无铅玻璃粉替代传统工业玻璃粉以及开发新型银浆方面取得了系列研究成果。图 2-11 为合成的大规模银粉，图 2-12 为无铅玻璃粉在银电极中的应用显微结构。这方面的研究无疑为今后商业化硅太阳电池提供了重要的参考价值。

图 2-11　香港理工大学屋宇设备工程学系合成的用于制备银浆的大规模均匀银球

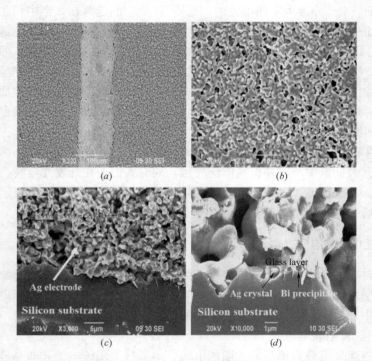

图 2-12　香港理工大学屋宇设备工程学系开发的无铅玻璃熔块基质银电极

2.3.2.2　多晶体薄膜电池

多晶体薄膜电池硫化镉、碲化镉多晶薄膜电池的效率较非晶硅薄膜太阳能电池效率高，成本较单晶硅电池低，并且也易于大规模生产，但由于镉有剧毒，会对环境造成严重的污染，因此，并不是晶体硅太阳能电池最理想的替代产品。

砷化镓（GaAs）III-V化合物电池的转换效率可达 28%，GaAs 化合物材料具有十分理想的光学带隙以及较高的吸收效率，抗辐照能力强，对热不敏感，适合于制造高效单结电池。但是 GaAs 材料的价格不菲，因而在很大程度上限制了 GaAs 电池的普及。

铜铟硒薄膜电池（简称 CIS）适合光电转换，不存在光致衰退问题，转换效率和多晶硅一样。具有价格低廉、性能良好和工艺简单等优点，将成为今后发展太阳能电池的一个重要方向。其唯一的问题是材料的来源，由于铟和硒都是比较稀有的元素，因此，这类电池的发展又必然受到限制。

2.3.2.3 有机聚合物电池

以有机聚合物代替无机材料是刚刚开始的一个太阳能电池制造的研究方向。由于有机材料柔性好、制作容易、材料来源广泛、成本低等优势，从而对大规模利用太阳能，提供廉价电能具有重要意义。但以有机材料制备太阳能电池的研究仅仅刚开始，不论是使用寿命，还是电池效率都不能和无机材料特别是硅电池相比。能否发展成为具有实用意义的产品，还有待于进一步研究探索。

2.3.2.4 有机薄膜电池

有机薄膜太阳能电池，就是由有机材料构成核心部分的太阳能电池。大家对有机太阳能电池不熟悉，这是情理中的事。如今量产的太阳能电池里，95% 以上是硅基的，而剩下的不到 5% 也是由其他无机材料制成的。

2.3.2.5 染料敏化太阳能电池

染料敏化电池是将一种色素附着在 TiO_2 粒子上，然后浸泡在一种电解液中。色素受到光的照射，生成自由电子和空穴。自由电子被 TiO_2 吸收，从电极流出进入外电路，再经过用电器，流入电解液，最后回到色素。染料敏化太阳能电池相对其他薄膜太阳能电池的制造成本低，这使它具有很强的竞争力。目前已报道的电池转换效率高达 12% 以上。近年来，由于钙钛矿太阳能电池的出现，染料敏化太阳能电池遇到了新的挑战。香港理工大学屋宇设备工程学系杨洪兴教授课题组近年来在异形三维染料敏化太阳能电池方面进行了探索（见图 2-13），为今后染料敏化太阳能电池在特色环境下的使用提供了理论和实验依据。

2.3.2.6 钙钛矿太阳电池

这里简要描述钙钛矿太阳能电池的简单发展历程，希望对今后有志于开发和研究钙钛矿太阳能电池的研究人员和技术人员具有启示。

2009 年，日本人 Akihiro Kojima 在研究染料敏化太阳能电池的时候，希望能找到一种兼具有机染料和无机量子点的敏化剂。他突发奇想，有机无机杂化的钙钛矿能不能应用到量子点敏化太阳能电池中呢？于是，第一个钙钛矿敏化太阳能电池做出来了，使用液态电解液的钙钛矿电池实现了 3.8% 的效率 0.96V 开路电压，这一结果几乎赶超了当时量子点敏化太阳能电池的最高效率。韩国人 Nam-Gyu Park 看到这篇文章的时候，大吃一惊，并决定致力于钙钛矿电池的研究。固态量子点敏化太阳能电池在这个时期活跃了起来。首先，采用固态结构很好地解决了无机量子点的光腐蚀问题；其次，无机量子点本身的消光系数很高，对多孔层的要求小得多。多种无机量子点开始应用在太阳能电池上，包括 Sb_2S_3，PbS，CIS 等。

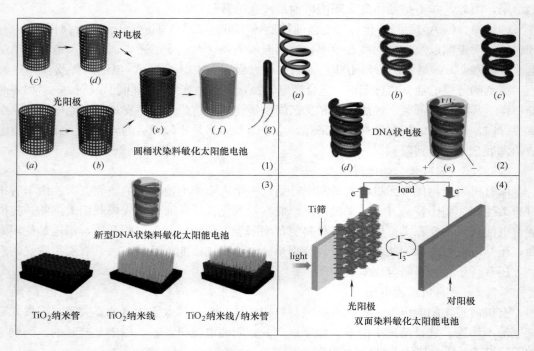

图 2-13　香港理工大学屋宇设备工程学系开发的系列异型染料敏化太阳能电池

2012 年开始，钙钛矿电池开始进入多产期。Gratzel 先在《美国化学会志》上发表钙钛矿异质结电池（效率为 7％），然后在 scientific report 上发表以 Spiro 为 HTM 的电池（效率为 9％）。Snaith 发表在美国《科学》杂志上，使用 Al_2O_3 替代 TiO_2 达到 10％的效率。这篇文章标志着钙钛矿电池开始从染料敏化电池中脱离出来。Snaith 的文章中提到表面多孔层只是支架的作用，也就是说只要找到能够更好的钙钛矿层的制备方法，多孔层就不需要了。他们采用共蒸的方法，控制钙钛矿层的结晶，实现了平面钙钛矿电池。

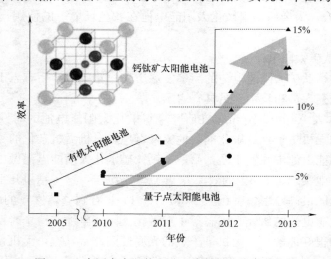

图 2-14　全固态太阳能电池（染料敏化太阳能电池，
量子点太阳能电池和钙钛矿太阳能电池）效率对比

该电池从 2009 年到现在，效率的提升非常鼓舞人心（见图 2-14），目前该电池已经超过 15％ 的光电转换效率。这一电池新贵正吸引着国内外的研究机构相继展开研究。关于该电池的应用开发前景，需要着重考虑三个方面：（1）电池效率。短短几年，该电池就获得了 15.4％ 的光电转换效率。应该说，这个值不是该电池效率的终点。通过国内外研究机构的探索，超过这个效率值得期待。（2）成本。无论晶体硅太阳能电池，还是薄膜太阳能电池，成本始终是需要重点考虑的一个方面。从钙钛矿太阳能电池关键材料 $CH_3NH_3PbI_3$ 来分析，相比其他薄膜太阳能电池，如 CdTe，CuInGaSn，该电池不存在使用稀有或贵重元素，如 Te，In，Ga 等。其关键吸收层材料中 $CH_3NH_3PbI_3$ 的 Pb，一度被认为是该电池最终实用的瓶颈和不可逾越的障碍。近年来，美国科学家已经通过金属 Sn 替换 Pb 并取得了较高的电池效率。此外，其电池由于是低温进行，不需要昂贵的设备，也为该电池相比其他薄膜电池具有非常大的优势。（3）稳定性。电池稳定性是一个很重要的参数，直接关系到投资者对该电池的投资回报的期望。研究表明，超过 500h 后，电池效率衰减不超过 20％。这个结果相比有机薄膜太阳能电池十分令人鼓舞。随着研究的不断深入，有理由相信该电池将来在不远的将来从实验室走向市场。

2.3.2.7 各种电池效率的比较

图 2-15 为目前存在的各种太阳能电池及相应研究机构所取得的太阳能电池最高效率，从这个图上可以明显看出，我国目前尽管是太阳能电池生产大国，但在高效太阳能电池开发上还没有占得一席之地，我国在未来高效和新型太阳能电池的研究中还有较长的一段路要走。

2.3.3 太阳能电池组件

单体太阳能电池不能直接作电源使用，作电源必须将若干单体电池串、并联连接和严密封装成组件。太阳能电池组件（也叫太阳能光伏板）是太阳能发电系统的核心部分，也是太阳能发电系统中最重要的部分。其作用是将太阳能转化为电能，产生的电能或送往蓄电池中存储起来，或推动负载工作。太阳能电池组件的质量和成本将直接决定整个系统的质量和成本。以硅太阳能电池组件为例，如图 2-16 所示，其构成及各部分功能如下：

（1）钢化玻璃的作用为保护发电主体（如电池片），其透光率要求高（一般在 91％ 以上）并做超白钢化处理。

（2）EVA 用来粘结固定钢化玻璃和发电主体（如电池片）。透明 EVA 材质的优劣直接影响到组件的寿命，暴露在空气中的 EVA 易老化发黄，影响组件的透光率，从而影响组件的发电质量。除了 EVA 本身的质量外，组件厂家的层压工艺影响也非常大，如 EVA 胶连度不达标，EVA 与钢化玻璃、背板粘接强度不够，都会引起 EVA 提早老化，影响组件寿命。

（3）市场上主流的是晶体硅太阳能电池片、薄膜太阳能电池片，两者各有优劣。晶体硅太阳能电池片，设备成本相对较低，光电转换效率也高，在室外阳光下发电比较适宜，但消耗及电池片成本很高；薄膜太阳能电池，消耗和电池成本很低，弱光效应非常好，在普通灯光下也能发电，但相对设备成本较高，光电转化效率约为晶体硅电池片的一半多点。

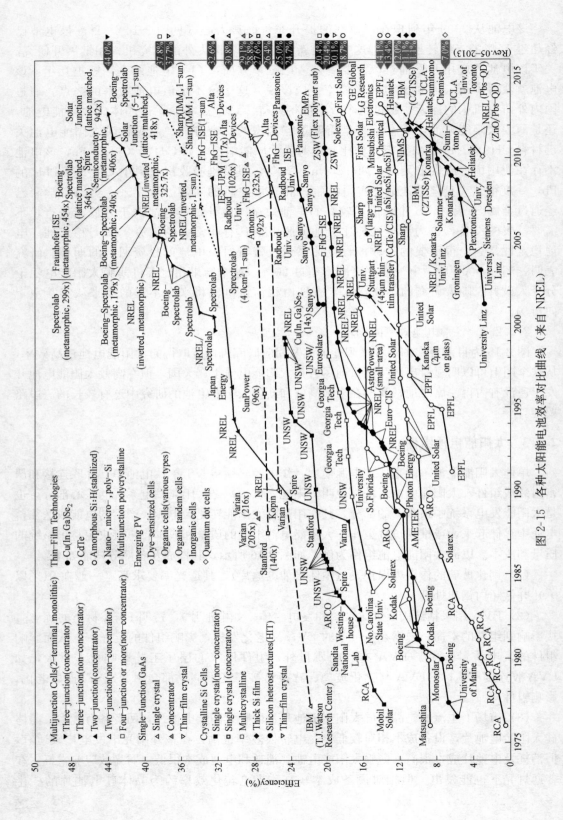

图 2-15 各种太阳能电池效率对比曲线（来自 NREL）

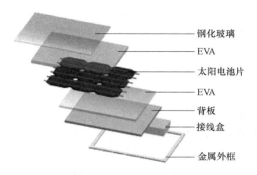

钢化玻璃

EVA

太阳电池片

EVA

背板

接线盒

金属外框

图 2-16　单晶硅太阳能电池组件

（4）背板的作用：密封、绝缘、防水（一般都用 TPT、TPE 等材质必须耐老化，大部分组件厂家都是质保 25 年，钢化玻璃，铝合金一般都没问题，关键就在于背板和硅胶是否能达到要求）。

（5）铝合金保护层压件，起一定的密封、支撑作用。

（6）接线盒保护整个发电系统，起到电流中转站的作用。如果组件短路，接线盒自动断开短路电池串，防止烧坏整个系统，而线盒中最关键的是二极管的选用，根据组件内电池片的类型不同，对应的二极管也不相同。

（7）硅胶密封，用来密封组件与铝合金边框、组件与接线盒交界处。有些公司使用双面胶条、泡棉来替代硅胶，国内普遍使用硅胶，工艺简单，方便，易操作，而且成本很低。

2.3.4　太阳能光伏发电系统

按照输送方式划分，太阳能光伏发电分为独立型光伏发电系统、并网型光伏发电系统、分布式光伏发电系统。不论是独立使用还是并网发电，光伏发电系统主要由太阳能电池板（组件）、控制器和逆变器三大部分组成，它们主要由电子元器件构成，不涉及机械部件，光伏发电设备没有活动部件，可靠稳定、寿命长且安装维护简便。理论上讲，光伏发电技术可以用于任何需要电源的场合，上至航天器，下至家用电源，大到兆瓦级电站，小到玩具，光伏电源可以无处不在。

2.3.4.1　独立光伏发电系统

独立光伏发电系统是指仅仅靠太阳能电池供电的光伏发电系统或主要依靠太阳能电池供电的光伏发电系统。独立光伏发电系统也称为离网型光伏发电系统。

独立光伏发电系统主要由太阳能电池组件、控制器、蓄电池组成。独立光伏发电系统的基本原理是在太阳光的照射下，将太阳能电池组件产生的电能通过控制器的控制给蓄电池充电或者在满足负载需求的情况下直接给负载供电，如果日照不足或者夜间则由蓄电池在控制器的控制下给直流负载供电，对于含有交流负载的光伏系统，还需要增加逆变器将直流电转换成交流电。

另外，独立光伏发电系统根据用电负载的特点，可以分为以下几种形式：

1. 无蓄电池的直流光伏发电系统

其特点是用电负载是直流负载，对负载使用时间没有要求，负载主要在白天使用。太

33

阳能电池与用电负载直接连接，有阳光时就发电供负载工作，无阳光时就停止工作。系统不需要使用控制器，也没有蓄电池储能装置。无蓄电池的直流光伏发电系统的优点是省去了能量通过控制器及在蓄电池的存储和释放过程中造成的损失，提高了太阳能利用效率。这种系统最典型的应用是太阳能光伏水泵。

2. 有蓄电池的直流光伏发电系统

由太阳能电池、充放电控制器、蓄电池以及直流负载等组成。有阳光时，太阳能电池将光能转换为电能供负载使用，并同时向蓄电池存储电能。夜间或阴雨天时，则由蓄电池向负载供电。这种系统应用广泛，小到太阳能草坪灯、庭院灯，大到远离电网的移动通信基站、微波中转站、边远地区农村供电等。当系统容量和负载功率较大时，就需要配备太阳能电池方阵和蓄电池组了。

3. 交流及交、直流混合光伏发电系统

交流及交、直流混合光伏发电系统与直流光伏发电系统相比，交流光伏发电系统多了一个交流逆变器，用以把直流电转换成交流电，为交流负载提供电能。交、直流混合光伏发电系统既能为直流负载供电，也能为交流负载供电。

4. 市电互补型光伏发电系统

在独立光伏发电系统中以太阳能光伏发电为主，以普通 220V 交流电补充电能为辅。这样光伏发电系统中太阳能电池和蓄电池的容量都可以设计得小一些，基本上是当天有阳光，当天就用太阳能发的电，遇到阴雨天时就用市电能量进行补充。我国大部分地区多年都有2/3 以上的晴好天气，这样形式既减小了太阳能光伏发电系统的一次性投资，又有显著的节能减排效果，是太阳能光伏发电在现阶段推广和普及过程中的一个过渡性的好办法。

2.3.4.2 并网光伏发电

并网太阳能光伏发电系统是由光伏电池方阵并网逆变器组成，不经过蓄电池储能，通过并网逆变器直接将电能输入公共电网。并网太阳能光伏发电系统相比离网太阳能光伏发电系统省掉了蓄电池储能和释放的过程，减少了其中的能量消耗，节约了占地空间，还降低了配置成本。并网太阳能光伏发电系统很大一部分用于政府电网和发达国家节能的案件中。并网太阳能发电是太阳能光伏发电的发展方向，是 21 世纪极具潜力的能源利用技术。并网光伏发电系统有集中式大型并网光伏电站一般都是国家级电站，主要特点是将所发电能直接输送到电网，由电网统一调配向用户供电。但这种电站投资大、建设周期长、占地面积大，发展难度相对较大。

并网光伏发电系统由太阳能组件、逆变器、交流配电柜组成，具体可以分为以下几种类型：

1. 有逆流并网光伏发电系统

当太阳能光伏系统发出的电能充裕时，可将剩余电能馈入公共电网，向电网供电（卖电）；当太阳能光伏系统提供的电力不足时，由电能向负载供电（买电）。由于向电网供电时与电网供电的方向相反，所以称为有逆流光伏发电系统。

2. 无逆流并网光伏发电系统

太阳能光伏发电系统即使发电充裕也不向公共电网供电，但当太阳能光伏系统供电不足时，则由公共电网向负载供电。

3. 切换型并网光伏发电系统

所谓切换型并网光伏发电系统，实际上是具有自动运行双向切换的功能。一是当光伏发电系统因多云、阴雨天及自身故障等导致发电量不足时，切换器能自动切换到电网供电一侧，由电网向负载供电；二是当电网因为某种原因突然停电时，光伏系统可以自动切换使电网与光伏系统分离，成为独立光伏发电系统工作状态。有些切换型光伏发电系统，还可以在需要时断开为一般负载的供电，接通对应急负载的供电。一般切换型并网发电系统都带有储能装置。

4. 有储能装置的并网光伏发电系统

就是在上述几类光伏发电系统中根据需要配置储能装置。带有储能装置的光伏系统主动性较强，当电网出现停电、限电及故障时，可独立运行，正常向负载供电。因此，带有储能装置的并网光伏发电系统可以作为紧急通信电源、医疗设备、加油站、避难场所指示及照明等重要或应急负载的供电系统。

2.3.4.3　分布式光伏发电

分布式光伏发电系统，又称分散式发电或分布式供能，是指在用户现场或靠近用电现场配置较小的光伏发电供电系统，以满足特定用户的需求，支持现存配电网的经济运行，或者同时满足这两个方面的要求。分布式光伏发电系统的基本设备包括光伏电池组件、光伏方阵支架、直流汇流箱、直流配电柜、并网逆变器、交流配电柜等设备，另外还有供电系统监控装置和环境监测装置。其运行模式是在有太阳辐射的条件下，光伏发电系统的太阳能电池组件阵列将太阳能转换输出的电能，经过直流汇流箱集中送入直流配电柜，由并网逆变器逆变成交流电供给建筑自身负载，多余或不足的电力通过连接电网来调节。分布式光伏发电具有以下特点：

（1）输出功率相对较小。一般而言，一个分布式光伏发电项目的容量在数千瓦以内。与集中式电站不同，光伏电站的大小对发电效率的影响很小，因此对其经济性的影响也很小，小型光伏系统的投资收益率并不会比大型的低。

（2）污染小，环保效益突出。分布式光伏发电项目在发电过程中没有噪声，也不会对空气和水产生污染。

（3）能够在一定程度上缓解局部地区的用电紧张状况。但是，分布式光伏发电的能量密度相对较低，每平方米分布式光伏发电系统的功率仅约100W，再加上适合安装光伏组件的建筑屋顶面积有限，不能从根本上解决用电紧张问题。

（4）可以发电用电并存。大型地面电站发电是升压接入输电网，仅作为发电电站而运行；而分布式光伏发电是接入配电网，发电用电并存，且要求尽可能地就地消纳。

2.4　太阳能光伏发电的现状与前景

过去10年，国际上光伏发电的平均年增长率达到50%，没有任何一个产业能够有这样的一个高速的发展，我国现在光伏发电有着很好的基础并起到了关键的作用。过去我国90%以上光伏产品都出口到国外，2009年以后，随着光伏电价的出台，"金太阳"工程的启动，我国光伏市场迅速崛起，2012年装机超过3.5GW，仅次于德国当年的装机，2013年我国的装机就达到世界第一，因为2013德国的装机要从7.6GW下降到5GW。国家能源局2014年初宣布，希望2014年我国光伏装机容量能够达到10GW，但至少应该达到

6~8GW，处于世界第一位。同时，我国也是世界光伏的第一大生产国，2012 年当年产量达到 21GW，仅仅大陆就占到全世界光伏的 63％，再加上我国台湾占全球光伏产业的 73％，名副其实是光伏制造的大国。

我国也对世界光伏市场的迅速发展起到关键作用，因为只有我国把光伏的价格在几年之内下降 80％，2006 年光伏的电价 4 元/kWh，到 2013 年光伏的电价大概只有 1 元/kWh左右，下降幅度高达 80％。现在的光伏组件大概是 4.5 元/Wp，光伏系统大概是 10 元/Wp，这是光伏企业所取得的非常好的成就。

就光伏政策来讲，现在国家正在出台非常好的对于光伏产业发展的鼓励政策。具体政策有两条：一条是大型电站上网电价，还有一条是国家的"金太阳"工程。这两项政策已经使得我国从 2009 年以后的光伏市场得到了大幅度的提高，"金太阳"工程实际上起了非常好的作用，迅速把国内的分布式发电的市场启动起来，而且在最近几年取得了非常好的经验，为今后的分布式光伏发电打下良好的基础。整个大型电站跟"金太阳"工程，从 2009 年到 2012 年大概一共审批项目超过 10GW，实际完成 7GW 左右。"金太阳"工程的启动实际上也促进了国家电网出台了分布式发电的管理办法，今后推广分布式发电不会再碰到并网难的问题。

最近国务院颁布了促进光伏产业健康发展的若干意见，也就是业内常说的"国八条"，更进一步明确了我国光伏发电的战略地位，明确到 2015 年我国的累计装机达到 35GW，平均每年装机 10GW。国家能源局也明确指出，到 2020 年我国的装机目标是 100GW，今后几年都是超过 10GW/a 的装机容量。2020～2050 年装机量还会大幅度提高，平均装机要达到 30GW，几乎是现在国内装机的 10 倍。从顶层设计来讲，到 2030 年整个能源需求达到 50 亿 t 标准煤，2050 年达到 52 亿 t 标准煤，而可再生能源于 2050 年可在整个能源需求中占到 40％，在电力需求里可再生能源达到 60％ 的比例，光伏发电装机要达到 1000GW。

从国际市场来看，根据美国能源部国家可再生能源实验室的最新报告，预计美国到 2050 年，可再生能源供应的电力将占到整个电力需求的 80％，其中光伏发电的装机要达到 300GW，占电力总装机的 30％。欧盟提的目标更高，因为欧盟目前对外能源依存度已经高达 60％，如果不做任何改变，到 2030 年对外依存度将高达 70％。所以，欧盟的目标比美国要高得多，因为自己的资源非常少，提出到 2050 年达到 100％ 可再生能源供电，它的总电力装机达到 2000GW，仅光伏发电装机就达到 962GW，也就是将近 1000GW，占到电力装机的约 50％。

本章参考文献

[1] 杨洪兴，周伟. 太阳能建筑一体化技术与应用 [M]. 北京：中国建筑工业出版社，2009.
[2] 中国气象局. 太阳能资源评估方法（QX/T 89—2008）. 北京：气象出版社，2008.
[3] 郑宏飞，何开岩，陈子乾. 太阳能海水淡化技术 [M]. 北京：北京理工大学出版社，2005.
[4] 沈辉，曾祖勤. 太阳能光伏发电技术 [M]. 北京：化学工业出版社，2005.

第3章 风能和风力发电技术

社会和经济的发展使人类对能源的依赖越来越大，能源危机也随着高能耗和不断增长的社会经济发展状况变得越来越明显。风能就是在这种形势下逐渐被开发和利用的。风电是一种清洁的可再生能源。我国的风能资源丰富、开发潜力很大，风能的利用和发展前景广阔，需要加大投入力度和解决风能发展中的相关问题，才能更好地促进风能产业的发展，缓解用电紧张的情况，并利用这一清洁能源为社会经济发展提供服务。因此，发展风力发电显得越来越重要，远景也非常美好。

本章将介绍风资源的形成与种类、等级划分以及风资源的特性，包括风资源随着高度和时间的变化，给出了风能的计算方法。同时将给出风资源的评估方法，测风数据要求及风资源评估的参考判据。在此基础上，将介绍风力发电技术的划分及风机构成，重点介绍几种典型风力发电系统及其特性，为开展风资源研究利用打下基础。最后，本章将探讨国内外风力发电市场的发展情况与展望。

3.1 风力资源

3.1.1 风的形成

风是大规模的气体流动现象，是一种自然现象。在地球上，风是由地球表面的空气流动形成的，其主要原因是太阳辐射对地球表面的不均匀加热。由于地球形状以及和太阳的相对位置关系，赤道地区因吸收较多的太阳辐射导致该地区比两极地区热。温度梯度产生了压力梯度从而引起地表 $10\sim15km$ 高处的空气运动。在一个旋转的星球上，赤道以外的地方，空气的流动会受到科里奥利力的影响而产生偏转。同时，地形、地貌的差异，地球自转、公转的影响，更加加剧了空气流动的力量和流动方向的不确定性，使风速和风向的变化更为复杂。

据估计，地球从太阳接受的辐射功率大约是 $1.7\times10^{14}kW$[1]，虽然只有大约 2% 转化为风能，但其总量十分客观。据世界气象组织（WMO）和中国气象局气象科学研究院分析，地球上可利用的风能资源为 200 亿 kW，是地球上可利用水能的 20 倍。

但是，全球风资源的分布是非常不均匀的，反映为大尺度的气候差异和由于地形产生的小尺度差异。一般分为全球风气候、中尺度风气候和局部风气候。在世界大多数地方，风气候本质上取决于大尺度的天气系统，如中纬度西风、信风带和季风等。局部风气候是大尺度系统和局部效应的叠加，其中大尺度系统决定了风资源的总体走势（长期的）。风资源是一个统计量，风速和风向是风资源的评估的基础数据。

3.1.2 风的种类

1. 贸易风

贸易风即信风（trade wind），指的是在低空从副热带高压带吹向低气压带的风。在地球赤道上，热空气向空间上升，分为流向地球南北两极的两股强力气流，在纬度 30°的附近，这股气流下降，并分别流向赤道与两极。信风在赤道两边的低层大气中，北半球吹东北风，南半球吹东南风，这种风的方向很少改变，它们年年如此，稳定出现，很讲"信用"，这是 trade wind 在中文中被翻译成"信风"的原因。

2. 旋风和反旋风

在纬度 50°～60°附近，由地球南北两极流向赤道的冷空气气流与由赤道流向两极的热空气气流相遇，构成了涡流运动，形成了旋风与反旋风。

3. 地区性风

受地形差异（如陆地、海洋、山岳、森林、沙漠等）影响，即使在同一纬度上，空气受到的加热程度也不一样，因而产生了地区性风。

4. 轻风

轻风仅在沿海岸发生，影响范围为海洋和陆地两方各 40m。由于昼夜之间的温度变化而产生的沿海岸风成为轻风，在有太阳时，由于水的比热容比较大，因此陆地受热影响比较大，因而陆地上空的空气较轻而上升，冷空气则由海洋流向陆地，于是产生了海风。陆地上的热空气则流向海洋，到离海岸某一距离处下降。而在夜间，形成了与白天相反的方向，成为陆地风。轻风方向的更换取决于地形条件。海洋风通常自 9：00～10：00 开始，陆地风则在日落以后开始。

5. 季节风

与海洋相比，陆地上每年的温度变化较大。因此，与轻风原理相似，季节性的气流循环形成了季节风，它的强度大于轻风的气流循环强度。

6. 平原和山岳风

山岳地区在一昼夜间也有周期性的风向变化，与轻风相似，自每日 9：00～10：00 开始，平原风沿着山岳的坡度向高处流动。夜间相反，气流自山岳流向平原，形成了山岳风。如果平原处于海岸处，则会引起特别强劲的风，因为在夜间也会加强，山岳风被陆地风增强了，而在白天，平原风被海风增强。夜间的山岳风是由于山顶的冷空气具有较大的密度，流向平原，形成夜间山岳风。平原风的产生则是由于山岳斜面上的空气较平原上的空气热，因此地势低处的空气膨胀，引起空气流动。

3.1.3 风速的概率分布

风作为一种自然现象，通常用风速、风向和风频等基本指标来表述。风的大小通常用风速表示，指单位时间内空气在水平方向上移动的距离，单位有 m/s，km/h，mile/h 等。风频分为风向频率和风速频率，分别指各种速度的风及各种方向的风出现的频率。对于风力发电机的风能利用而言，总是希望风速较高、变化较小，同时，希望某一方向的频率尽可能的大。一个地区的风速概率分布是该地区风能资源状况的最重要指标之一。目前不少研究对风速分布采用各种统计模型来拟合[2]，如：瑞利（Rayleigh）分布、β 分布、韦布尔（Weibull）分布等，其中以两参数的 Weibull 分布模型最近常用[3]。对于某风场的风速序列，其概率密度（probability density）$pd(v)$ 可以表示为：

$$pd(v) = \left(\frac{k}{A}\right)\left(\frac{v}{A}\right)^{k-1} e^{-\left(\frac{v}{A}\right)^k} \tag{3-1}$$

式中，v 是风速，A 和 k 分别为 Weibull 分布的尺度参数（scale parameter）和形状参数（shape parameter），这两个参数控制 Weibull 分布曲线的形状。尺度参数 A 反应风电场的平均风速，其量纲与速度相同；k 表示分布曲线的峰值情况，无量纲。图 3-1 为我国香港特区 5 个不同地区的风速概率密度曲线。

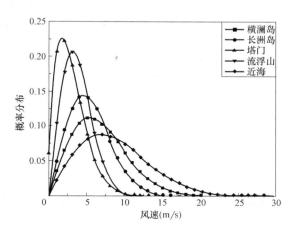

图 3-1　我国香港特区五个地区年风速 Weibull 分布概率密度曲线[4]

3.1.4　风力等级

根据理论计算和实践结果，把具有一定风速的风，通常是指 3～20m/s 的风作为一种能量资源加以开发，用来做功（如发电），这一范围的风通常称为有效风能或风能资源。一般来说，当风速小于 3m/s 时，它的能量太小，没有利用的价值；而当风速大于 20m/s 时，它对风力发电机的破坏性很大，很难利用。但目前开发的大型水平轴风力发电机，可将上限风速提高到 25m/s 左右。根据世界气象组织的划分标准，风被分为 17 个等级，在没有风速计的情况下，可以借助它来粗略估计风速。风力等级如表 3-1 所示。

迄今为止，人类所能控制的能量要远远小于风所含的能量，举例说明：风速为 9～10m/s 的 5 级风，吹到物体表面上的力约为 10kg/m^2；9 级风，风速为 20m/s，吹到物体表面上的力约为 50kg/m^2。可见，风资源具有很大的开发潜力。

风 力 等 级 表[5] 表 3-1

风级	名称	风速（m/s）	风速（km/h）	陆地地面物象	海面波浪	浪高（m）	最高（m）
0	无风	0.0～0.2	<1	静,烟直上	平静	0.0	0.0
1	软风	0.3～1.5	1～5	烟示风向	微波峰无飞沫	0.1	0.1
2	轻风	1.6～3.3	6～11	感觉有风	小波峰未破碎	0.2	0.3
3	微风	3.4～5.4	12～19	旌旗展开	小波峰顶破裂	0.6	1.0
4	和风	5.5～7.9	20～28	吹起尘土	小浪白沫波峰	1.0	1.5
5	劲风	8.0～10.7	29～38	小树摇摆	中浪折沫峰群	2.0	2.5
6	强风	10.8～13.8	39～49	电线有声	大浪白沫离峰	3.0	4.0
7	疾风	13.9～17.1	50～61	步行困难	破峰白沫成条	4.0	5.5
8	大风	17.2～20.7	62～74	折毁树枝	浪长高有浪花	5.5	7.5

风级	名称	风速(m/s)	风速(km/h)	陆地地面物象	海面波浪	浪高(m)	最高(m)
9	烈风	20.8~24.4	75~88	小损房屋	浪峰倒卷	7.0	10.0
10	狂风	24.5~28.4	89~102	拔起树木	海浪翻滚咆哮	9.0	12.5
11	暴风	28.5~32.6	103~117	损毁重大	波峰全呈飞沫	11.5	16.0
12	飓风	>32.6	>117	摧毁极大	海浪滔天	14.0	—
13	～	37.0~41.4	134~149	—	—	—	—
14	～	41.5~46.1	150~166	—	—	—	—
15	～	46.2~50.9	167~183	—	—	—	—
16	～	51.0~56.0	184~201	—	—	—	—
17	～	56.1~61.2	202~220	—	—	—	—

3.1.5 风的变化

风随时间、高度和地域的变化为开发风资源带来了一定难度，但是只要能充分把握规律，就能大大降低难度。

1. 风随时间变化

在一天内，风的强弱是随机变化的。在地面上，白天风大而夜间风小；在高空中却相反。在沿海地区，由于陆地和海洋热容量不同，白天产生海风（从海洋吹向陆地），夜晚产生陆风（从陆地吹向海洋）。在不同的季节，太阳和地球的相对位置变化引起季节性温差，从而导致风速和风向产生季节性变化。在我国大部分地区，风的季节性变化规律是：春季最强，冬季次强，秋季第三，夏季最弱。

2. 风随高度变化

由于空气黏性和地面摩擦的影响，风速随高度变化因地面的平坦度、地表粗糙度及风通道上气温变化的不同而异。从地球表面到 10000m 的高空层内，风速随着高度的增加而增大。风切变描述了风速随高度的变化公式。有两种方法可以用来描述风切变，分别为指数公式和对数公式。其中，指数公式是描述风速随时间变化最常用的方法，工程近似公式如下：

$$\frac{v_2}{v_1} = \left(\frac{h_2}{h_1}\right)^{\gamma} \tag{3-2}$$

式中　v_1 和 v_2——分别是高度 h_1 和 h_2 处的风速；

　　　　γ——风切指数（shear）。

另一种方法是利用对数方式来推断风速，这个公式里，将用到表面粗糙度这个参数，表达式（3-2）。

$$\frac{v_2}{v_1} = \frac{\ln(h_2/z_0)}{\ln(h_1/z_0)} \tag{3-3}$$

式中　z_0——表面粗长度（roughness length）。

由式（3-2）和式（3-3）可以推导出 shear 的值的表达式，

$$\gamma = \ln\left(\ln\frac{h_2}{z_0} \bigg/ \ln\frac{h_1}{z_0}\right) \bigg/ \ln(h_2/h_1) \tag{3-4}$$

因此，风切 shear 取决于高度和表面粗糙度。关于粗糙度等级、粗糙长度及风切的值可从表 3-2 中查到。

粗糙度等级、粗糙长度及风切参数对照表[6]   表 3-2

地形地貌	粗糙等级	粗糙长度	风切指数 γ
开阔的水面	0	0.0001～0.003	0.08
地表光滑的开阔地	0.5	0.0024	0.11
开阔地,少有障碍物	1	0.03	0.15
障碍间距为 1250m 的农田房屋	1.5	0.055	0.17
障碍物间距为 500m 的有房屋围栏的农场	2	0.1	0.19
障碍物间距为 250m 的有房屋围栏的农田	2.5	0.2	0.21
有树和森林的农场村庄小镇	3	0.4	0.25
高楼大厦的城市	3.5	0.8	0.31
摩天大楼	4	1.6	0.39

3.1.6　风能的计算

风能是指风带有的能量，一般来讲，风能的大小取决于风速及空气密度。常用的风能公式为：

$$E=\frac{1}{2}(\rho \times t \times S \times v^3) \tag{3-5}$$

式中　ρ——空气密度，kg/m^3；

　　　v——风速，m/s；

　　　S——截面面积，m^2；

　　　t——时间，s。

从该公式中可以看出，风速、风所流经的面积以及空气密度是决定风能大小的关键因素，有如下关系：

（1）风能的大小（E）与风速的三次方成正比，说明风速的变化对风能大小的影响很大，风速是决定风能大小的决定因素。

（2）风能的大小（E）与风流经过的面积（S）成正比。对于风力发电机来说，风经过的面积即为风力发电机叶片旋转时的扫风面积。所以，风能大小与风轮直径的平方成正比。

（3）风能大小与（E）与空气密度（ρ）成正比。因此，计算风能时，必须要知道当地的空气密度，而空气密度取决于空气湿度、温度和海拔高度。

对于风力发电机来说，在单位时间内空气传递给风机的风能功率（风能）为：

$$P=\frac{1}{2}\rho v^2 \cdot Av=\frac{1}{2}\rho Av^3 \tag{3-6}$$

式中　A——风机叶片的扫风面积，m^2，对于普通的风机，扫风面积就是 πR^2，R 为叶片半径；

　　　v——风速，m/s；

　　　P——风能功率，W。

但是，由于实际上风力发电机不可能将叶片旋转的风能全部转变为轴的机械能，因而，实际风机的功率为：

$$P = \frac{1}{2}\rho A v^3 C_p \tag{3-7}$$

式中，C_p为风能的利用系数。以水平轴风机为例，理论上最大的风能利用系数为0.593，这就是著名的贝茨理论（Betz Limit）[7]。但再考虑到风速变化和叶片空气动力损失等因素，风机的风能利用效率能达到0.4左右。另外，风能密度有直接计算和概率计算两种方法。目前在各国的风能计算中心，大多采用Weibull分布来拟合风速频率分布方法来计算风能。除了风能以外，对于某一个地区来说，风能密度是表征该地区风资源的另一个重要参数。定义为单位面积上的风能。对于一个风力发电机来说，风能密度（W/m²）为：

$$W = \frac{P}{A} = 0.5\rho \times v^3 \tag{3-8}$$

式中　W——风能密度。

常年风能密度为：

$$\overline{W} = \frac{1}{T}\int_0^T \frac{1}{2}\rho v^3 \mathrm{d}t \tag{3-9}$$

式中　$\overline{W}$——平均风能密度，W/m²；

　　　T——时间，h。

在实际应用中，常用以下公式来计算某地年（月）风能密度，即，

$$W_{\text{年(月)}} = \frac{W_1 T_1 + W_2 T_2 + \cdots + W_n T_n}{T_1 + T_2 + \cdots + T_n} \tag{3-10}$$

式中　$W_{\text{年(月)}}$——某年（月）的风能密度，W/m²；

$W_i (1 \leqslant i \leqslant n)$——等级风速下的风能密度；

$T_i (1 \leqslant i \leqslant n)$——各等级风速出现的时间，h。

3.1.7　风能的优点和局限性

风能因安全、清洁及储量巨大而受到世界各国的高度重视。目前，利用风力发电已经成为风能利用的主要形式，并且发展速度很快。与其他能源相比，风能具有明显的优点，但也有其突出局限性。

风能蕴藏量大、无污染、可再生、分布广泛、就地取材且无需运输，是太阳能的一种转换形式，是取之不尽用之不竭的可再生能源。在边远地区如高原、山区等，利用风能发电可以就地取材，具有很大的优越性。根据国内外形势，风能资源适用性强，前景广阔。目前，在我国可利用的风力资源区域占全国国土面积的76%，在我国发展小型风电，潜力巨大。

另一方面，由于风的不确定性，风能也有一定的缺点，比如能量密度低，只有水力的1/816。气流瞬息万变，风时有时无、时大时小，日、月、季的变化都十分明显，因此具有很强的不稳定性。同时，由于地理位置及地形特点的不同，风力的地区差异很大。

3.2 风资源评估方法

3.2.1 风资源评估综述

风资源评估（Wind Resource Assessment，WRA）是确定一个指定风场地点风资源强度的指导规范。一般来说，风资源评估以指定风场风力状况和年发电量作为输出，从而计算风场的经济性。因此，风资源评估是确定风力发电项目可行性的核心步骤。图 3-2 包含了风资源评估的一般步骤。风电场风力发电评估的首要步骤是初期评估和勘探。通过公开的可用风资源地图的风速参数，评估不同风场的初步经济性指标，如果该风场合格，下一步的工作就是进行实地测风，通过大量长期风数据监测（一般为一年时间），进行详尽的风资源评估，包括在风场内不同位置进行检测以及对风数据进行长期追算。然后，利用风数据，同时选择不同的风力发电机，由风机的功率曲线可以得到风场的年发电量（AEP）。风资源评估的最后一步为对影响风场年发电点的不同参数进行不确定性分析。风资源评估的输出结果作为经济性分析的输入值，从而进行风场经济性分析计算。

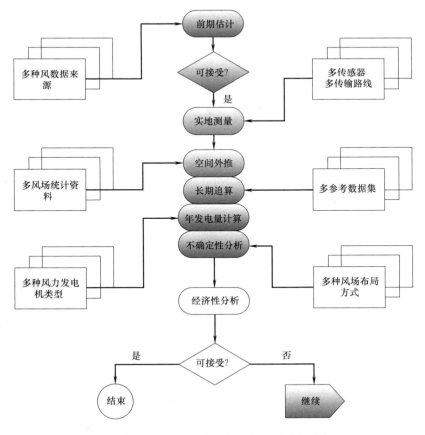

图 3-2　风资源评估方法流程图和经济性分析

3.2.2 风资源评估指导原则

和其他技术项目类似，风资源评估也需要计划协调、预算限制以及日程安排。合理清晰的目标有助于选择风资源评估的最佳方法。风资源评估的终极成功依赖于项目资产装配质量、合理的选址及测试技术、训练有素的工作人员、高品质的装备以及精密的数据分析技术[8][9]。

3.2.2.1 方法和目的

对一个给定区域的风场风资源进行评估，有多重方法可用，根据尺度及不同阶段，风资源评估主要包括：

（1）初步地区确定：这个过程包括根据风量数据、地形地貌等，相对较大的适合风资源开发的地区（例如：省或者公共服务事业地区）。在这个过程中，可以选出新的测风地点。

（2）区域风资源评价：对于给定的正在考虑开发风电的区域，需要用风力测量的结果去评价该地区是否适合开发。该规模尺度下，风资源评价的常见目标为：确定或查证该地区是否有充足的风资源满足下一步风资源开发选址。通过不同地区对比，得出各自风力发电开发潜力。根据代表性基础数据确定所选类型风机的性能及经济可行性。从而选定风机安装潜在地点。

（3）微观选址：微观选址是风资源评估的第三阶段。它的主要目的是量化在地形影响下的风资源变化。从根本上说，微观选址的目的是根据风资源分布调整一个或多个风机在选定风场的位置以期得到整个风场最大的能量输出。由于微观选址超出了风资源评估的范围，在这一方面读者可以自行查阅相关文献。

3.2.2.2 测量规划

与常规监测项目一样，风资源评估在正式实施之前，需要以书面形式来阐明监测计划，同时经过项目参与者的评估同意，目的是保证所测数据满足风能项目要求。下列几项应列入计划书：测量参数、设备类型、质量及花费、监测站数量及位置、传感器测量高度、最小测量精度、时长及数据恢复、数据取样和记录间隔、数据存储格式、数据处理程序、质量控制措施、数据报告格式。

3.2.2.3 监测策略

监测策略的基础是保证测量计划的顺利实施，核心为良好的管理，有从业资格的工作人员以及充足的资源。项目的参与者必须明确个人的职责范围及个人权利，实行问责制。必须熟悉项目总体目标，测量计划及进度安排，同时必须保证实时有效的沟通。

由于选址监测的复杂性，项目团队里需要有工作人员具体实地测量经验、数据分析及电脑技能。充足的人力物力资源是保证项目成功的基础，因为完整精确的测量数据要求合适的职工配置、一定的设备及工具投资、突发事件的应急反应、日常工地巡视以及数据定时观测。

3.2.2.4 监测时间和数据修复

持续监测时间最短为1年，2年或更长时间可以提供可靠性更高的结果。一般来说，为期1年的监测足够确定风的日变化及季节变化规律。风的年变化规律可以通过一个相关性较高的参考气象站（比如机场）的辅助得以插补修正。缺测数据通常将备用或可供参考的传感器同期记录经过相关性分析处理，替换已确认为无效的数据或填补缺测的数据；数据修正主要是与附近气象台获取的长期统计数据进行相关比较并对其进行修正，从而得到能反映风电场长期风况的代表性数据。

3.2.3 测风数据要求

应按照 GB/T 18709 的规定进行测风，风数据的采集主要包括获取风场的风速、风向、气温、气压和标准偏差的实测时间序列数据、极大风速及其风向等。

风场附近长期测站的测风数据，如附近气象站、海洋站等[10]。在收集长期测站的测风数据时应对站址现状和过去的变化情况进行考察，包括观测记录数据的测风仪型号、安装高度和周围障碍物情况（如树木和建筑物的高度、与测风杆的距离等），以及建站以来站址、测风仪器及其安装位置。周围环境变动的时间和情况等（注：气象部门和海洋站保存有规范的测风记录标准观测高度距离地面 10m。1970 年以后主要采用 EL 自记风速仪，以正点前 10min 测量的风速平均值代表这一个小时的平均风速。平均风速是全年逐小时风速的平均值）。

数据的收集应长期监测以下数据：有代表性的连续 30 年的逐年平均风速和各月平均风速；与风场测站同期的逐小时风速和风向数据；累年平均气温和气压数据；建站以来记录到的最大风速、极大风速及其发生的时间和风向、极端气温、每年出现雷暴日数、积冰日数、冻土深度、积雪厚度和侵蚀条件（沙尘、盐雾）等。

3.2.4 测风数据处理

测风数据处理包括对数据的验证、修订，并计算评估风能资源所需的参数。下面将分别对数据验证、修订及处理展开分别讨论。

3.2.4.1 数据验证

数据验证的目的是通过检查风场测风所获得的原始数据，对其完整性和合理性进行判断，检验出不合理的数据和缺测的数据，经过处理，整理出至少连续一年完整的风场逐小时测风数据。包括完整性检验、合理性检验、不合理数据和缺测数据的处理以及计算测风有效数据的完整率（应达到 90%）。

数量和时间顺序是完整性检验的两大部分，数据数量应等于预期记录的数据质量，同时时间顺序应符合预期的开始、结束时间，中间应连续。

合理性检验包括数据范围检验、相关性检验以及趋势检验。各项检验主要参数的参考值见表 3-3。

主要参数的合理性检验参考值　　　　　　　　　　　　　　　　表 3-3

主要参数	合理范围
平均风速	0≤小时平均值<40m/s
风向	0°≤小时平均值<360°
平均气压(海平面)	94kPa<小时平均值<106kPa
50m/30m 高度小时平均风速差值	<2.0m/s
50m/10m 高度小时平均风速差值	<4.0m/s

主要参数	合理范围
50m/30m 高度风向差值	<22.5°
1h 平均风速变化	<6m/s
1h 平均温度变化	<5℃
1h 平均气压变化	<1kPa

注：各地气候条件和风况变化很大，表中所列参数范围供检验时参数，在数据超出范围时应根据当地风况特点加以分析判断。

不合理数据和缺测数据的处理分为以下几步：首先检验后列出所有不合理的数据和缺测的数据及其发生的时间；对不合理数据再次进行判别，挑出符合实际情况的有效数据，并回归原始数据组；最后将备用的或可供参考的传感器同期记录数据，经过分析处理，替换已确认为无效的数据或填补缺测的数据。

完整性检验也是数据验证的重要组成部分，要求扣除掉缺测数据数目以及无效数据数目后的数据数目总数达到应测数目的 90% 以上。

经过各种检验，无效数据被剔除且替换为有效数据，得到至少连续一年的风场实测逐小时风速风向数据，这套数据的有效数据完整率需要被注明。同时，编写数据验证报告，应注明确认无效数据的原因及替换数值来源，此外，建议提供逐时平均气温及逐时平均气压。

3.2.4.2　数据修正

数据修正以数据处理验证结果为基础，将验证后的风场测风参数订正为一套反映风场长期风能水平的代表性数据，即风场测风高度上代表年的逐时风速风向数据。但是，当地长期测站宜具备以下条件才能将短期数据修正为长期数据，如，同时测风结果的相关性较好、具有 30 年以上规范的测风记录、地形条件与风场类似且与风场距离较近。

将风场短期测风数据修正为代表年风况数据的方法可简单分为以下几步：首先作风场测站与对应年份的长期测站各风向象限的风速相关曲线；其次，对每个风速相关曲线来说，在横轴上标明长期测站多年的年平均风速，以及与风场测站观测同期的长期测站的年平均风速，在纵坐标轴上找到对应的风场测站的两个风速值，并求出这两个风速值的代数差值（共有 16 个代数差值）；最后，风场测站数据的各个风向象限内的每个风速都加上对应的风速代数差值，即可获修正后的风场测站风速风向资料。详细方法可参考《风电场风资源评估方法》GB/T 18710—2002。

3.2.4.3　数据处理

数据处理的目的是将修正后的数据处理成评估风场风能资源所需要的各种参数，包括不同时段的平均风速和风功率密度、风速频率分布和风能频率分布、风向频率和风能密度方向分布、风切变指数和湍流强度等。相关参数的计算方法可参考本章 3.1 节及其他参考资料。修正后的风况数据报告格式示例见表 3-4。

3.2.4.4　风资源评估的参考判据

将处理好的各种风况参数绘制成图形，主要分为年工况、月工况两大类。其中年工况包括全年的风速和风功率日变化曲线图、风速和风功率的年变化曲线图、全年的风速和风能频率分布直方图以及全年的风向和风玫瑰图。月风况包括各月的风速和风功率日变化曲

修正后的风况数据报告格式示例

表 3-4

报告日期：××××年×月×日

风场名称	××	测风塔编号	××-02
风场地点	××省××县××		
测风塔位置	E×°×′×″，N×°×′×″	海拔高度(m)	1838
测风数据开始日期时间	××××年×月×日×时	有效数据完整率	94%
测风数据截止日期时间	××××年×月×日×时		
相关长期测站名称	×××	地点	××县××
相关长期测站位置	EX 长期测站位，NX 长期测站位	海拔高度(m)	834
相关长期测站与 XX 风场的直线距离(km)	94		

风场主要风况参数	测量高度(m)			等级
	50	30	10	
风功率密度(W/m²)	572	458	284	5
年平均风速(m/s)	8.1	7.6	6.7	

风切变指数	0.174	最大或极大风速(m/s)	风向	发生时间
主风向	NNW	风场最大	20.5	NW	20121218
平均空气密度	1.145	风场极大	28.3	NW	20130226
年平均湍流强度(50m 高度)	0.18	长期测站最大	22.4	NNW	20090413
		长期测站极大	35.1	NW	20100324

修正后的代表年风况数据记录表

参数代号		风速 v			风向 D			湍流强度 I_T			气温 T	气压 P	高度代号			
单位		m/s			度						C	kPa	a	b	c	d
测量高度		a,b,c			a,b,c			a,b,c			d	d	50m	30m	10m	3m
日期	时间	v_a	v_b	v_c	D_a	D_b	D_c	I_{Ta}	I_{Tb}	I_{Tc}	T_d	P_d				
120524	00	12.4	11.8	11.8	292	289	288	0.13	0.14	0.15	13.4	81.2				
120524	01	12.7	12.4	10.2	296	294	295	0.14	0.13	0.14	13.2	81.3				
……			……													
130523	22	8.8	8.2	7.0	305	307	306	0.16	0.16	0.17	15.2	81.1				
130523	23	8.5	7.8	6.7	302	304	305	0.17	0.18	0.18	14.9	81.1				

线图以及风向和风能玫瑰图。长期测站的风况也需要回执风况表，内容包括与风场测风塔同期的风速年变化直方图以及该测风站连续 20～30 年的风速年际变化直方图。根据风况图，风资源评估的参考判据如下：

1. 风功率密度

风功率密度是风场风资源的综合指标，因其蕴含风速、风速分布和空气密度的影响，其等级见表 3-5。

2. 风向频率及风能密度方向分布

在风能玫瑰图上最好有一个明显的主导风向，或两个方向接近相反的主风向。在山区主风向与山脊走向垂直为最好。

3. 风速的日变化和年变化

47

风功率密度等级表

表 3-5

风功率密度等级	10m 高度		30m 高度		50m 高度		应用于风力发电
	风功率密度（W/m²）	年平均风速参考值（m/s）	风功率密度（W/m²）	年平均风速参考值（m/s）	风功率密度（W/m²）	年平均风速参考值（m/s）	
1	<100	4.4	<160	5.1	<200	5.6	
2	100~150	5.1	160~240	5.9	200~300	6.4	
3	150~200	5.6	240~320	6.5	300~400	7.0	较好
4	200~250	6.0	320~400	7.0	400~500	7.5	好
5	250~300	6.4	400~480	7.4	500~600	8.0	很好
6	300~400	7.0	480~640	8.2	600~800	8.8	很好
7	400~1000	9.4	640~1600	11.0	800~2000	11.9	很好

注：1. 不同高度的年平均风速参考值是按风切变指数为 1/7 推算的。
2. 与风功率密度上限值对应的年平均风速参考值，按海平面标准大气压及风速频率符合瑞利分布的情况推算。

用各月的风速（或风功率密度）日变化曲线图和全年的风速（或风功率密度）日变化曲线图，与同期的电网日负荷曲线对比；风速（或风功率密度）年变化曲线图，与同期的电网年负荷曲线对比，两者相一致或接近的部分越多越好。

4. 湍流强度

湍流强度在 0.10 或以下表示湍流相对较小，中等程度湍流强度值为 0.10~0.25，更高的湍流强度值表明湍流过大。

5. 其他气象因素

特殊的大气条件要对风力发电机组提出特殊的要求，会增加成本和运行的困难，如最大风速超过 40m/s 或极大风速超过 60m/s，气温低于零下 20℃，积雪、积冰、雷暴、盐雾或沙尘多发地区等。

3.2.5　我国风能资源

我国风能资源丰富，世界排名仅次于俄罗斯和美国，居世界第三位。国家气象研究院估算结果表明，我国 10m 高度层的风资源总储量为 32.26 亿 kW，其中实际可开发风能储量为 2.53 亿 kW，同时，我国近海风能资源约为陆地 3 倍，所以，我国可开发风能资源总量约为 10 亿 kW。

3.2.5.1　我国风资源划分

我国幅员辽阔，海岸线长，风资源相当丰富。国家气象局估算结果表明，除少数省份年平均风速较小以外，其他大部分地区，尤其是西南边疆、沿海和三北（东北、华北、西北）地区，都存在极有利用价值的风资源。风能分布具有明显的地域特征，这种规律反映了大型天气活动的影响和地形作用的综合影响。根据全国有效风能密度、有效风力出现时间百分比及大于 3m/s 和 6m/s 风速的全年累计小时数，全国风能资源可以划分为 4 个大区（30 个小区），如表 3-6 所示。

区 指标	丰富区	较丰富区	可利用区	贫乏区
年有效风能密度（W/m²)	≥200	200～150	150～50	≤50
风速≥3m/s 的年小时数(h)	≥5000	5000～4000	4000～2000	≤2000
占全国面积(%)	8	18	50	24
包括的小区	A34a-东南沿海及台湾岛屿和南海群岛秋冬特强压型；A21b-海南岛南部夏春强压型；A14b-山东、辽东沿海春动强压型；B12b-内蒙古北部西端和锡林郭勒盟春夏强压型；B14b-内蒙古阴山到大兴安岭以北春秋强压型；C13b-c-松花江下游春秋强中压型；东南沿海及其岛屿，为我国最大风能资源区	D34b-东南沿海（离海岸 20～50m）和广东沿海春秋强压型；G14a-广西沿海及雷州半岛春秋特强压型；I12c-辽河流域和苏北春夏中压型；D34a-台湾东部春秋特强压型；E13b-东北平原春秋强压型；E14b-内蒙古南部春秋强压型；E12b-河西走廊及其邻近春夏强压型；E21b-新疆北部夏春强压型；F12b-青藏高原春夏强压型；内蒙古和甘肃北部，为我国次大风能资源区；黑龙江和吉林东部及辽东半岛沿海，风能也较大	G43b-福建沿海（离海岸 50～100m）和广东沿海春秋强压型；G14a-广西沿海及雷州半岛春秋特强压型；H13b-大小兴安岭山地春秋强压型；I12c-辽河流域和苏北春夏中压型；I14c-黄河、长江中下游春冬中压型；I31c-湖南、湖北和江西秋春中压型；I12c-西北五省的一部分及青藏的东部和南部春夏中压型；I14c-川西南和云贵的北部春冬中压型；青藏高原、三北地区的北部和沿海，为风能较大区	J12d-四川、甘南、陕西、鄂西和贵北春夏弱压型；J14d-南岭山地以北冬春弱压型；J43d-南岭山地以南冬秋弱压型；K14d-雅鲁藏布江河谷春冬弱压型；L12c-塔里木盆地西部春夏中压型；云贵川、甘肃、陕西南部，河南、湖南西部，福建、广东、广西的山区

3.2.5.2 我国风资源的特点

我国的风能资源分布有以下特点：

（1）季节性的变化。我国位于亚洲大陆东部，东临太平洋，季风强盛，内陆地形复杂，加之位于我国西南部的青藏高原的影响，改变了海陆影响所引起的气压分布和大气环流，增加了我国季风的复杂性。冬季风来自西伯利亚和蒙古等中高纬度的内陆，每年都有大幅度降温的强冷空气南下，影响西北、东北和华北，直到次年春夏之交才会消失。夏季风主要是来自太平洋的东南风、印度洋和南海的西南风。东南季风影响遍及我国东半部，西南季风则影响西南各省和南部沿海，但风速远不及东南季风。

（2）地域性的变化。我国地域辽阔，风能资源比较丰富。总的来说，我国风能资源丰富的地区主要分布在西北、华北及东北的戈壁或草原，以及东部和东南沿海岛屿，而这些地区一般都缺少煤炭等常规能源。尤其是东南沿海地区及其附近诸多岛屿，不仅风能密度大，年平均风速也很好，具有很大的风能利用潜力。调查显示，我国东南沿海的风能密度一般在 200W/m²，有的岛屿甚至达到了 300W/m² 以上，年平均风速可达 7m/s，全年有效风时约 6000h。内蒙古以及西北地区的风能密度也在 150～200W/m²，年平均风速为 6m/s 左右，全年有效风时 5000～6000h。青藏高原北部以及中部，风能密度也有 150 W/m²，全年 3m/s 以上风速时长约为 5000h，有的可达 6500h[12][13]。

3.3 风力发电技术

风力发电技术是一项高新技术，它涉及气象学、空气动力学、结构力学、计算机技术、电子控制技术、材料学、化学、机电工程、环境科学等十几个学科和专业，是一项系统技术。

3.3.1 风力发电技术的划分

早在20世纪初，人类已经开始尝试利用风力发电。20世纪30年代，原苏联、美国等国家利用航空工业中的旋翼技术发明了第一台小型风力发电机。这种小型风力发电机被广泛应用于多风的海岛以及偏僻的乡村，它的成本比普通的内燃机低很多。然而，它的发电机功率较低，大多数都在5kW以下。

通常来说，风力只要达到3级，就有利用的价值，但是，风速与风机效率成正比关系，风速越高，风机效率越高。只有利用大于4m/s的风进行发电时，才能产生较好的风机效率。例如，一台55kW的风力发电机组，当风速为9.5m/s时，机组的输出功率为55kW；当风速为8m/s时，功率为38kW；当风速为6m/s时，功率只有16kW；当风速为5m/s时，功率仅为9.5kW。

风力发电技术分为大型风电技术和中小型风电技术，尽管它们的工作原理类似，但却属于两个完全不同的行业，在我国的风力机械行业会议上，把它们区分出来分别对待。为了满足市场的不同需求，中小型风电技术还开辟了新的方向——风光互补技术。

1. 大型风电技术

由于荷兰、丹麦等欧洲国家风能资源丰富，风电产业得到了政府的大力支持，因此他们的大型风电技术和设备在国际上处于遥遥领先的地位。目前，我国政府也开始大力扶持大型风电技术的发展，对产业的发展做出了相应的政策引导与规划。大型风电技术都是为了大型风力发电机组的顺利使用而研发，而大型风力机组的应用区域对环境的要求十分严格，需要应用在风能资源丰富、常年接受各种恶劣环境考验的风场上。环境的复杂多变性对大型风电的技术要求更高。目前国内的大型风电技术普遍不成熟，其核心技术仍然依靠国外。此外，包括并网技术的一系列问题还在制约着大型风电技术的发展。

2. 中小型风电技术

20世纪中后期以来，中小型风电技术已经在我国风能资源较好的内蒙古、新疆等地得到了初步发展。从起初的送电到乡项目中的为一家一户的农牧民家用供电，到如今不仅可以独立使用还能与光电互补技术结合在一起，广泛应用于分布式的独立供电。如今，我国的中小型风电技术和风光互补发电技术已经处于国际领先水平，掌握全部发电核心技术，不管在技术上还是在价格上，我国都处于领先位置。

中小型风电技术受自然资源限制相对较小，其作为分布式独立发电效果显著，不仅可以并网，而且还能结合光电形成更稳定可靠的风光电互补技术。

目前，国内中小型风电技术中的低风速启动、低风速发电、变桨距、多重保护等一系列技术在国际市场上获得了广泛的认可。况且，中小型风电技术最终是为满足分布式独立供电的终端市场，而非如大型风电技术是满足发电并网的国内垄断性市场，技术的更新速度必须适应广阔而快速发展的市场需求。

3.3.2 风力发电的优势

风能作为一种可再生能源，因其良好的节能效益、经济效益以及环境效益，受到了世界各国的重视。例如，每装一台单机容量为 1MW 的风能发电机，每年可减排二氧化碳 2000t（相当于种植 1 平方英里的树木）、二氧化硫 10t 和二氧化氮 6t。在一次能源告急和地球生态环境恶化的两重压力下，作为一种高效清洁的新能源，风能有巨大的发展潜力[14]。

从技术层面来讲，风电发展经历了曲折的过程。1887 年，美国人 Charles F. Brush 建造了第一台风力发电机，叶片达 144 个。此后，经过一百多年艰辛的探索、市场应用的考验以及多种技术革新，才统一成今天各种稳定运行的风力发电机。而相关领域技术上的突破，会推动风电技术不断发展。以全功率逆变器来说，因其复杂不可靠等因素，让人望而却步，而大功率 IGBT/IGCT 的成熟和多电平技术的完善，使其在技术上完全成为可能。

随着大型风力发电机技术的不断成熟和产品商业化过程的不断加速，风力发电机的成本在逐年降低。风力发电不消耗资源，同时不污染环境，建设周期短，一般来说，一台风机的运输安装时间不超过 3 个月，兆瓦级风电场建设周期不到一年。同时，安装一台即可投产一台；装机规模灵活、筹集资金便利；运行简单，可无人值守。实际占地少，机组与监控、变电等建筑仅占风电场整体面积的 1%，其余场地仍可供农、牧、渔使用；对土地特点要求低，在海边、河堤、荒漠及山丘等地形条件下均可建设；同时，在发电方式上样式多元化，既可联网运行，也可以和太阳能发电、柴油发电机等集成互补系统或独立运行，这为解决边远无电地区的用电问题提供了现实可能性。

从风电机本身来看，由于风电市场扩大、风电机组产量及单机容量增加以及技术上的进步，风电机组每千瓦的成本在过去的 20 年中稳定下降。以美国为例，风力发电的成本降低了 20%。20 世纪 80 年代的第一批风力发电机，每发 1kWh 电的成本为 30 美分，而现在只需要 4 美分。另外，风电机组设计和工艺的改进使风机的性能和可靠性得到了提高；塔架高度的增加以及风场选址评估方法的改进等，使风电机组的发电能力有了很大提高。目前，风电场的容量系数（一年的实际发电量除以装机容量额定功率与一年 8760h 的乘积）一般为 0.25～0.35。

从风电场造价来看，我国风电场造价要高于欧洲，基本上是欧洲 5 年前的成本，平均造价约为 8500 元/kW。建设一个装机容量为 10 万 kW 的风电场，大约需要成本 8～10 亿元，而同样规模的火力发电厂，成本约 5 亿元，水电站为 7 亿元。同时，独立运行的风电系统成本要高于并网型系统，因存在蓄电池和逆变器。

总之，风电技术的日趋成熟使风力发电的经济性日益提高，发电成本已接近煤电、低于油电与核电，但是，若考虑煤电的环境保护与交通运输的间接投资，则风电技术优于煤电。对于沿海岛屿、交通不便的边远山区、地广人稀的草原牧场以及远离电网和近期内电网还难以到达的农村、边疆来说，风力发电尤其是与太阳能发电互补系统，可作为解决生产和生活能源的一种有效途径。

3.3.3 风力发电机的构成

风力发电是把风的动能转变成机械能，再把机械能转化为电能。风力发电技术涉及面广，是一项多学科、绿色环保、可持续发展的综合技术。所需装置即为风力发电机组，主要由两部分构成：风机部分将风能转变为机械能；而将机械能转换为电能的为发电机部分。根据这两大部分的不同结构类型以及所采用技术的不同特征和不同组合，风力发电机组可以有多种分类。一般来说，风力发电机组主要由风轮、传动与变速结构、发电机、塔架、迎风及限速机构组成。大型风力发电机组发出的电能直接并网向电网馈电；小型风力发电机一般将风力发电机组发出的电能用储能设备（一般为蓄电池）加以储存，需要时再提供给负载（可提供直流电，也可用逆变器变换为交流电供给用户）。

1. 风轮

风轮是把风的动能转换为机械能的重要部件，为集风装置。一般来说，它由 2 个或 3 个叶片构成。当风吹向叶片时，产生的气动力驱动风轮转动，使空气动力能转变成了机械能（转速＋扭矩）。叶片的材料要求强度高、质量小，目前多用玻璃钢或其他复合材料（如碳纤维）来制造。风轮的轮毂固定在发电机的轴上，风轮的转动驱动发电机轴旋转，带动三相发电机发出三相交流电。

2. 调向机构

调向机构是用来调整风力发电机的风轮叶片与空气流动方向相对位置的机构，其功能是使风力发电机的风轮随时都迎向风向，从而能最大限度地获取风能。因为当风轮叶片旋转平面与气流方向垂直，也就是迎风时，风力发电机从流动的空气中获取的能量最大，从而输出功率最大。调向机构又称为迎风机构，国外统称为偏航系统。小型水平轴风力发电机常用的调向机构有尾舵和尾车，在风电场并网运行的中大型风力发电机则采用伺服电动机构。

3. 发电机

在风力发电机中，已采用的发电机有三种，即直流发电、同步交流发电和异步交流发电机。

风力发电机的工作原理较简单，风轮在风力的作用下旋转，把风的动能转变为风轮轴的机械能，从而带动发电机旋转发电。10kW 以下的小型容量风力发电机组，交流发电机的形式为永磁式或自励式，经整流后向负载供电及向蓄电池充电；容量在 100kW 以上的并网运行的风力发电机组，则较多采用同步发电机或异步发电机。

通过励磁系统可控制发电机的电压和无功功率，这是恒速同步发电机的优点，发电机效率高。同步发电机机需要通过同步设备的整步操作从而达到准同步并网（并网困难），由于风速变化较大，而同步发电机要求转速恒定，风力机必须装有良好的变桨距调节机构。

恒速异步发电机结构简单、坚固且造价低。异步发电机在投入系统运行时，靠转差率来调节负荷，因此对机组的调节精度要求不高，不需要同步设备的整步操作，只要转速接近同步速时就可并网，且并网后不会产生振荡和失步。缺点是并网时冲击电流幅值大，不能产生无功功率。

4. 升速齿轮箱

由于风力大小及方向经常变化且风轮的转速比较低，这使转速不稳定，所以，在带动发电机之前，必须附加一个把转速提高到发电机额定转速的变速齿轮箱，同时再加一个调速机构保证转速稳定，然后再连到发电机上。升速齿轮箱的作用就是将风力机轴上的低速旋转输入转变为高速旋转输出，方便与发电机运转所需要的转速相匹配。

5. 塔架

塔架是支承风轮、尾舵和发电机的构架，一般比较高，以捕捉更多的风能，获取较大、较均匀的风力，同时又要有足够的强度。铁塔高度视地面障碍物对风速影响的情况以及风轮直径大小而定，一般在 $6\sim20m$ 范围内，而大型兆瓦级的风机塔架可高达 $100m$ 左右。塔架是风力发电机的支撑机构，稍大的风力发电机塔架一般采用由角钢或圆钢组成的桁架结构。

6. 控制系统

$100kW$ 以上的中型风力发电机组及 $1MW$ 以上的大型风力发电机组都配有由计算机或可编程控制器（PLC）组成的控制系统来实现控制、自检和显示功能。控制系统的主要功能如下：

（1）按预先设定的风速值（一般为 $3\sim4m/s$）自动启动风力发电机组，并通过软启动装置将异步发电机并入电网。

（2）在各种传感器的帮助下，自动检测发电机组的运行参数及状态，包括风速、风向、风力机风轮转速、发电机转速、发电机温升、发电机输出功率、功率因数、电压、电流及齿轮箱轴承的油温、液压系统的油压等。

（3）当风速大于最大运行速度（一般设定为 $25m/s$）时实现自动停机。

（4）故障保护。

（5）通过调制解调器与上位机连接。

风力发电系统还设计有多种转速控制技术及手动刹车系统，如电磁制动、变桨距等，系统在机械制动与电磁停车共同作用下，得以安全运行。

小型风力发电机一般不采用类似大型机的方法自动并网，加上小型风力发电机多在偏远地区使用，由于风速多变，使得风力发电机的电压及频率变化，从而不可能直接被负载利用，这就出现了储能环节。小型风力发电机一般使用蓄电池储能，先用整流器将交流电变成直流电向蓄电池充电，使用时，逆变器将蓄电池的直流电变换成交流电。整流器和逆变器可以合为一体，也可以做成两个装置。

长期的风力发电机运行数据表明，逆变器所要着重解决的不是技术性能指标，而是可靠性及寿命。风力发电机所用的逆变器所面临的负载不像一般通信和计算机设备，它必须可以保证常年不间断使用，同时又要承受风速、负载变化的冲击。虽然目前小型风力发电机用逆变器技术已比较完善，但是在实际应用中仍然存在一些技术难题。

目前最好的小型风力发电机只保留了三个运动部件，较少的运动部件可提高系统可靠。一是风驱动发电机主轴旋转，二是尾翼驱动风机的机头偏航，三是为大风限速保护而设的运动部件，前两个运动部件是风力发电机的基础，是不可缺少的。实际运行中，这两个运动部件故障率并不高，主要是限速保护机构的损坏情况多。要彻底解决小型风力发电机的可靠性问题，必须在限速方式上提供最好的解决方法。

3.3.4 几种典型的风力发电系统及其特性

风力发电机组一般按照风力机转速分类，风力发电机可分为恒速运行风力发电机和变速运行风力机。

3.3.4.1　恒速风力发电系统

顾名思义，恒速风力发电系统是在恒定风速下运行，这就意味着，不管风速有多大，风力发电机的风轮速度都是确定的，由电网的频率决定。典型的恒速风力发电系统由鼠笼式异步电动机（SCIC）和软启动器以及电容器组成，它们与电网直接相连，如图 3-3 所示。

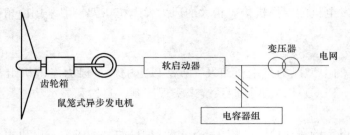

图 3-3　恒速风力发电系统的典型结构

异步发电机运行时，需要外电路来提供磁电流，最常用方法是并联电容器自激建压发电，因此该电容器的大小选择要适当。过大则空载电压太高，容易损坏发电机和用电设备；偏小则空载电压偏低，不能满足供电要求。自励异步发电机在负载变化时，如果没有自动励磁调节装置，很难避免出现端电压和频率的较大变化。投入负载时，要同时增加相应的辅助电容器；切除负载时，应同时切除相应的辅助电容器，以防运行电压过高，损坏电容器和其他用电设备。如果负载为异步电动机，电动机负载的总容量不应超过发电机容量的 25％。如果在运行中突发端电压消失，可立即切断负载，待端电压重新建立起来以后再逐渐增加负载。

使用电容并联对自励异步发电机进行励磁，往往只能稳定运行在一种状态，当输入转矩或连接负载发生变化时，异步发电机的输出电压无法保持稳定。对于固定容量的电容器，无法对负载的变化做出动态响应，调节困难，其输出电压的稳定区间小，电压波动大，运行效率低。而且定子绕组与电容器组成了一个振荡回路，发电机的供电频率取决于该振荡回路的自激频率。当负载变化时，发电机的端电压和频率都会随之而改变。

只并接一组定值三相电容器的独立运行的异步风力发电机有着明显缺点，为了改善发电机运行性能，可以在发电机定子端并联接入三相电容器组，根据发电机负载及风速变化情况调整接入电容器组值的大小，以便较好地稳定输出电压。但是，电容器组的投入和切除装置仍做不到无级调节，调节速度缓慢，控制不方便，此时需要加装电子控制器，并且电容器的投入和切除会引起电压瞬变和电流冲击，但是在实际应用中该办法仍然是一种稳定电压的有效方法。

结构简单、功能强大、稳定性高是恒速风力发电系统的优点，同时其电气结构简单、成本低，并且在实际中运行良好。另外，由于恒速运行，机械应力是非常重要的参数。所有的风速波动都会引起机械转矩的变化进而影响送入电网的功率波动。此外，恒速风力发电系统的可控性非常有限（体现在转速方面），其原因是转子速度受电网频率的影响基本上保持不变。

3.3.4.2　变速恒频双馈式风力发电系统

变速风力发电机是目前最常用的风力发电系统，电力电子转换装置接口可以实现变速运行，允许与电网完全（或部分）解耦。基于双馈感应发电机（DFIG）的风力发电系统也被称为改进型变速风力发电系统，如图 3-4 所示，包括风力机、齿轮箱、感应机、PWM 变频器和直流侧电容器等。

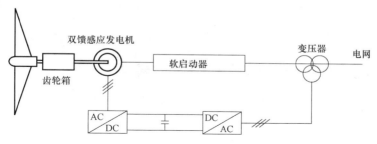

图 3-4　改进型变速风力发电系统的典型结构

随着电力电子技术的发展，双馈感应发电机在风能发电中的应用越来越广。这种技术从励磁系统入手，不过分依赖蓄电池的容量，通过对励磁电流的适当控制，达到输出恒频电能的目的。双馈感应发电机在结构上与异步发电机类似，但是在励磁上，双馈发电机采用的是交流励磁。

双馈式发电机是目前世界各国风力发电的研究热点之一，我国部分地区的风力发电场也开始使用这种系统，相对于传统的恒速风力发电机，其性能优势在于：（1）控制转子的电流就可以在大范围内控制电机转差、无功功率以及有功功率，参与系统调节并提高系统稳定性；（2）不需要无功补偿装置；（3）可最大限度地追踪风能，提高风能利用率；（4）降低机组的机械应力和输出功率的波动；（5）在转子侧控制功率因数，提高电能质量，实现安全、便捷并网；（6）与其他全功率变频器相比，其容量仅占风力机额定容量的25%左右，大大降低损耗及投资。因此，目前的大型风力发电机组一般采用这种变桨距控制的双馈式风力机，但其主要缺点为控制方式相对复杂，机组价格比较昂贵。

3.3.4.3　变速风力机＋同步发电机

全变速风力发电系统可以灵活应用任何种类的发电机，变速风力机＋同步发电机就是其中的一种，其结构图如图 3-5 所示。

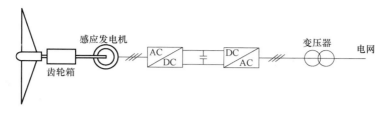

图 3-5　全变速风力发电系统的典型结构

当采用低速多级同步发电机时，可以不用齿轮箱。无齿轮箱的直驱型风力发电机组能有效减少由于齿轮箱原因造成的机组故障，可有效提高系统的运行可靠性和寿命，大大减少维护成本，得到市场的青睐。而变频器部分可以采用两个背靠背的全功率电压源换流器，也可以通过直流电缆连接。与双馈式风力机的不同之处在于，该系统的输出功率通过两个全功率变频器输送至电网，与电网彻底隔开，可在不同频率下运行而不影响电网频率。

随着风能技术和电力电子技术的进步，叶片变桨距技术和风力发电机变速恒频技术在兆瓦级风力发电机组中得到了广泛应用，在全球新安装的风力发电机组中，有90%以上的风力发电机组已采用变桨变速恒频技术，其中主要是双馈变速恒频型风力发电机组。在德国新安装的风力发电机组中，直驱变速恒频型风力发电机组的占有率达到了40%以上。直驱式风力发电机组在其他国家也得到了广泛应用。

3.4 国内外风力发电市场的发展情况探讨与展望

3.4.1 世界风电发展概况

20世纪70年代石油危机后，发达国家利用计算机、空气动力学、结构力学、材料科学等领域的新技术，投入大量人力物力，动用高科技产业，以期寻求可替代化石燃料的新能源，比如太阳能、风能等，开创了风力发电技术产业的新时期。美国、丹麦、德国和西班牙等欧洲国家相继出台了政策以激励风电发展，其核心是长期固定的以较高电价收购风电，鼓励投资，培育稳定市场，促进了风电市场的较快发展。

除了政策上的支持，技术的进步也是风电产业快速发展的原因之一。如风电机组越来越便宜；单机容量越来越大，从而减少了基础设施费用；风机可靠性的改进也相应减少了运行维护费用；同时，近海风电技术的逐步发展，更推动了大规模开发风电的可能性。

3.4.2 国外风力发电现状和市场前景

在应对能源危机和气候变化的背景下，风电行业发展的强劲势头体现在全球风电装机持续快速增长。从1998年起，全球累计风电装机连续12年增速均超过20%，平均增速达到28.45%，风电容量以每三年翻一倍的速度增长。根据世界风能协会的统计数据，2012年全世界风电装机容量新增约2726万kW，增长率约为29%，累计达到1.21亿kW，增长率为42%，突破1亿kW大关。风电总发电量为2600亿kWh，占全世界总电量的比例从2000年的0.25%增加到2012年的1.5%。图3-6展现了1996年至2013年间全球风电总装机量。

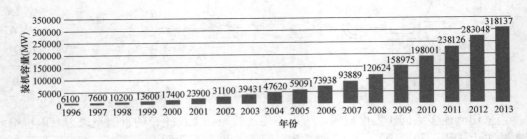

图3-6　1996～2011年全球风电总装机容量

从地理位置上看，风电利用正逐步形成欧洲、北美和亚洲三者并驾齐驱的格局。其中，欧洲由于最早的大规模开发以及丰富的风资源，使其长期以来占据全球风电行业的核心地位并同时引领全球风电的发展。据欧洲风能协会（EWEA）公布的数据，2011年欧盟新增风电装机 9616MW，占所有新增发电装机的近 1/4，风电总装机达到 93957MW，占欧盟电力供应的 6.3%。同时，美国、亚洲、南美洲等风电行业也得到了快速发展。风电发展在全球范围内呈现更加均衡的局面。

从长远来说，风电产业的发展仍面临众多难题，如电网消纳能力、并网控制、海上风电发展等，但随着相关技术的进步和成本的降低，与传统能源相比，风电在经济性和环保性方面的优势将日益凸显，全球风电市场具有良好的发展前景。

3.4.3 国内风力发电现状和前景

我国具有十分丰富的风力资源，较丰富的地区主要分布在三北（东北、华北、西北）地区、东南沿海及附近岛屿和内陆一些地形比较特殊的地区。为了实现全国节能减排的重要目标以及充分利用我国风力资源，有关部门相继出台了一系列政策和法规，鼓励和促进风电行业的发展。2003 年，国家发展改革委推出风电特许权项目，通过风电开发权招标的方式，引入竞争机制降低风电上网电价，推进风电设备国产化。2006 年，颁布实施《中华人民共和国可再生能源法》，为风力发电、太阳能发电等可再生能源的发展提供了重要法律保障。国家发展改革委根据可再生能源法制订的《可再生能源发电价格和费用分摊管理试行办法》规定风力发电项目实行政府指导电价，可再生能源发电成本高出部分通过向电力用户征收电价附加的方式解决。2009 年，国家发展改革委发布了《关于完善风力发电上网电价政策的通知》，规定陆上风电上网电价执行分区标杆电价政策。2012 年，国家能源局印发风电发展"十二五"规划，进一步明确了我国 2011～2015 年风电发展的发展目标、开发布局和建设重点。

在相关政策的激励下，我国风电行业发展呈现快速增长态势。全球风能理事会 2012 年发布报告称，2011 年我国风电装机容量继续保持全球领先地位，新增 18GW，占全球总增量的 40%。截至 2011 年底，全国风电累计装机为 62.36GW，并网容量 47.84GW，并网率为 76.7%，与 2010 年的 69.9% 相比稍有提升。据估计，到 2020 年，我国风电的累计装机将在 200～300GW 之间；到 2030 年，累计装机可能超过 400GW，届时，风电将占全国发电量的 8.4% 左右，在电源结构中约占 15%。

统计显示，截至 2011 年底，全国（含港澳台地区）有 32 个省（市、区）拥有了自己的风电场，风电累计装机超过 2GW 的省份有 9 个。

虽然我国的风电发展取得了很大成就，但与风电相关的技术难题也日益凸显。风机并网之后，由于受到电网调节指令的限制，"弃风"成为我国风电发展面临的新难题。据不完全统计，2011 年我国"弃风"超过 100 亿 kWh，"弃风"比例超过 12%，相当于 330 万 t 标准煤的损失，或向大气排放 1000 万 t 二氧化碳。如何进一步提高风电技术发展是我国风力发电产业的重要挑战之一。

本章参考文献

[1] Mathew S. Wind energy：fundamentals，resource analysis and economics［M］. New york：Springer-Verlag，2006.

[2] 张怀全. 风资源与微观选址：理论基础与工程应用［M］. 北京：机械工业出版社，2013.

[3] Burton T，Jenkins N，Sharpe D，Bossanyi E. Wind energy handbook［M］. John Wiley &

Sons，2011.

［4］ 吕琳，杨洪兴. Wind data analysis and a case study of wind power generation in Hong Kong［J］. Wind Engineering，2001；25：115-23.

［5］ WMO-WMO Manual on Codes，No. 306，part A，Alphanumeric codes.

［6］ Nielsen P，Villadsen J，Kobberup J，Thφrgersen M，Sφrensen M，Sφrensen T，et al. WindPRO 2.5 User Guide. EMD International A/S，Aalborg，Denmark，2005.

［7］ Jain P. Wind energy engineering. McGraw-Hill，2011.

［8］ Laboratory NRE. Wind resource assessment handbook［J］. National Reneable Energy Laboratory，1997.

［9］ Singh S，Bhatti T，Kothari D. A review of wind-resource-assessment technology［J］. Journal of energy engineering，2006；132：8-14.

［10］ 中华人民共和国国家质量监督检查检疫总局. 风电场风能资源评估方法，2002.

［11］ 周志敏，纪爱华. 风光互补发电实用技术-工程设计 安装调试 运行维护［M］. 北京：电子工业出版社；2011.

［12］ 李春来，杨小库. 太阳能与风能并网发电技术［M］. 北京：中国水利水电出版社，2011.

［13］ 国家发展和改革委员会能源研究所课题组. 中国可再生能源发展战略研究［R］. 2007.

［14］ 孟庆和. 风力发电技术［J］. 风力发电，2002，18：24-9.

第 4 章　太阳能与风能的互补性和典型气象年的选择

我国的太阳能和风能资源非常丰富。根据中国气象局第四次风能资源普查的结果，我国陆地 50m 高度处的风能潜在开发量约为 23.8 亿 kW，而近海 5～25m 水深区 50m 高度的潜在开发量约为 2 亿 kW[1]，这些资源主要分布在东部沿海、北部及西藏等地区。同时，我国超过 2/3 的面积年太阳总辐射超过 1639（kWh）/m²，且年日照时间超过2200h[2]。然而，由于天气状况的变化多端，风能、太阳能等可再生能源具有间歇性和波动性的特点。如大规模直接接入电网，会给电力系统的安全稳定和经济运行带来很多影响，如电压不稳定[3]、频率不稳定[4]、与发电计划和调度不符[5]等问题。大量研究发现，风能和太阳能在时间与空间上均具有良好的互补特性。我国处于季风气候区，在很多地区，白天风力较小但阳光充足，晚上没有太阳辐射但风力较强。春天和冬天风力比较强但光照时间短，而夏季和秋季则刚好与之相反。

太阳能和风能的互补性使风光互补发电系统在资源上具有最佳的匹配性。采用风光互补发电，可以弥补风能、太阳能间歇性的缺陷，可实现能量之间的相互补充，比单独风力发电、单独太阳能光伏发电效率更高。同时，采用风光互补发电，还可以在一定程度上削弱风电的反调峰特性。

4.1　资源互补性的案例研究

太阳能和风能资源的互补性的具体研究可以参考以下几个案例。

4.1.1　案例 1：赤峰地区风能、太阳能资源分布

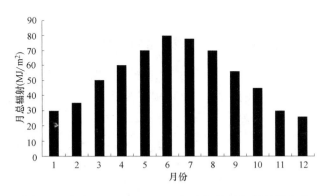

图 4-1　赤峰地区 1991～2006 年太阳能总辐射月累加值

文献[6]对于赤峰地区 1991～2006 年的太阳辐射资料和 1977～2006 年风资料进行了分析，如图 4-1 所示。赤峰地区干旱少云，日照充足。太阳能年变化大致呈正弦规律，即夏季太阳能资源最为丰富，而冬季则较少。由图 4-2 可以看出，赤峰地区月平均风速冬季最大，春秋季次之，夏季最小。风能与太阳能资源的年变化正好相反，可以实现能源上的

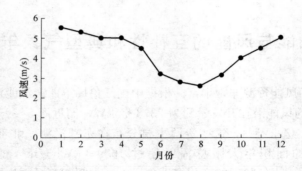

图 4-2　赤峰地区 1977～2006 年月平均风速年变化

互补。

4.1.2　案例 2：辽宁风能、太阳能资源分布

辽宁省是我国风能、太阳能资源比较丰富的省份。全省常年多风、日照较多，极具开发利用价值。文献[7]对于辽宁省 53 个气象站 30 年（1971～2000 年）的风速及太阳辐射数据进行了分析。总的来说，对该省平均状况而言，春季风速较大，并以 4 月的风速最大，约 4.0m/s；而夏季风速较小，并以 8 月的风速最小，约 2.3m/s。风速也有着明显的日变化特征。就平均状况而言，全省整体状况夜间风速明显大于白天。一般来说，23：00～4：00，出现全日最大风力的概率较大。

而太阳总辐射的月季变化呈单峰型，春夏季较大、秋冬季较小。总辐射最高值多出现在 5 月份，最低值多出现在 12 月份，春、夏、秋、冬四季总辐射量分别占年总辐射量的31.4%、32.7%、21.3%和 14.5%。总辐射的日变化与太阳日出至日落的运动非常一致。就年平均状况看，总辐射的日变化呈以 11：00～12：00 为中心的正态分布，从4：00～5：00开始具有微弱的辐射量，11：00～12：00 达到最大，然后开始逐时减少，至20：00以后辐射消失。

4.1.3　案例 3：香港特区风能、太阳能资源分布

文献[8]对于香港特区 1961～1990 年的太阳辐射数据及风速分布进行了研究。香港地处亚热带地区，1961～1990 年的平均太阳日辐射量为 14.46MJ/m²，适合应用太阳能发

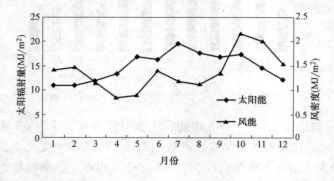

图 4-3　香港特区 1961～1990 年平均太阳能、风能资源

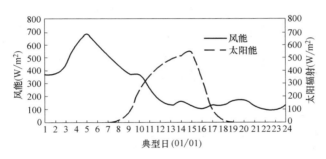

图 4-4　香港特区典型日太阳能、风能资源

电系统。同时，香港特区具有较长的海岸线及较多离岛，因此风力资源也是十分丰富的。

通过研究发现，香港特区的风能及太阳能资源在全年每月以及全天每小时的分布情况上均具有很好的互补性。如图 4-3 所示，对于全年来讲，春夏季太阳辐射较大而风能较低，而秋冬季则是风能资源较丰富而太阳辐射值较低。由图 4-4 可以看出，对于典型日来讲，清晨时分太阳还未升起时的风力最大，而白天太阳辐射较强而风力较小。因此，这种气候条件十分适合使用风光互补的发电方式。

4.2　太阳能和风能相关性系数

由上一节可以看出，在我国大部分地区，风能和太阳能资源具有较好的以月及日为单位的时间互补性，但各个地区的资源总量差别非常大。因此，对于某特定地区，风光互补能源系统存在着一个最佳的组成比。当两种可再生能源在发电总量中的比重在这个最佳比时，它们的互补性最强，能源产出达到最佳值。

风能、太阳能的最佳发电比值不仅受当地气候条件影响，同时也因地理条件、负载要求、设备选型及当地电网情况的不同而改变。为准确地计算两种能源在发电中的比例，陈丽媛[9]、谈蓓月[10]、肖毅[11]等人提出过较为详细的数学及经济性模型。由于这些模型较为复杂，需要很多具体参数；为初步评估某一地区风光互补系统的配置，简单计算风能、太阳能资源的最佳组成比是十分必要的。

4.2.1　相关性系数计算方法

为计算太阳能、风能之间的相关性系数，首先，应简单估计在一般情况下，风力发电及光伏系统的发电量。风机的输出功率与风速大小的关系为：

$$P_t=\begin{cases}0, & 0\leqslant v<v_{ci},\ v\geqslant v_{co}\\ f(v), & v_{ci}\leqslant v<v_R\\ P_R, & v_R\leqslant v<v_{co}\end{cases}\qquad(4-1)$$

式中　　　P_R——风力发电机组的额定功率；

v_{ci}、v_{co}、v_R——机组切入、切出和额定风速；

$f(v)$——分别是线性、二次和三次函数。

因此，选定某种型号风机后，风力发电的输出功率即可用所选风机的风速—功率特性进行模拟。同时，要考虑风机塔座的高度，因为地面风随着高度而增加。另外，值得注意的是在实际中风电场内所选的风机型号可能不同，同时风电场内风机也存在尾流效应，这些会对风电场实际输出功率的模拟产生一定的影响。但是这些因素对于风能、太阳能的互补性研究的影响并不十分显著。

对于太阳能光伏系统，其输出功率为：

$$P_s = \eta \cdot A_s \cdot I_s \qquad (4\text{-}2)$$

式中　P_s——输出功率；

η 和 A_s——分别为系统转换效率和光伏面积；

I_s——太阳总辐射强度。

风能、太阳能资源的最佳配置可由相关系数来计算。相关系数是用来度量两个随机变量之间的关联程度的量，关联程度越弱则其值越小，意味着互补性越强。预期值 μ_X 和 μ_Y 和标准差 σ_X 和 σ_Y 的随机变量 X 和 Y 之间的相关系数可由下式计算：

$$r_{X,Y} = \frac{\text{cov}(X,Y)}{\sigma_X \sigma_Y} = \frac{E\big[(X-\mu_X)(Y-\mu_Y)\big]}{\sigma_X \sigma_Y} \qquad (4\text{-}3)$$

其中 E 为期望值算子，cov 为协方差。由于 $\mu_X = E(X)$，$\mu_Y = E(Y)$，$\sigma_{Y^2} = E(Y^2) - E^2(Y)$，则 $r_{X,Y}$ 可以写为：

$$r_{X,Y} = \frac{E(XY) - E(X)E(Y)}{\sqrt{E(X^2) - E^2(X)} \sqrt{E(Y^2) - E^2(Y)}} \qquad (4\text{-}4)$$

对于时间序列，相关因子的计算公式如下[12]：

$$r_{X,Y} = \frac{\sum_{t=1}^{n}(X_t - X_0)(Y_t - Y_0)}{\sqrt{\sum_{t=1}^{n}(X_t - X_0)^2} \sqrt{\sum_{t=1}^{n}(Y_t - Y_0)^2}} \qquad (4\text{-}5)$$

式中　$r_{X,Y}$——相关系数；

X_t、Y_t——分别为两个在时间尺度间隔 i 下的时间序列；

X_0、Y_0——分别为序列 X_t、Y_t 的平均值。

对某时间序列的相邻时间间隔的差 $\Delta P(t)$ 进行分析能更详细地了解此时间序列的波动情况，计算如下：

$$\Delta P(t) = P(t) - P(t-1) \qquad (4\text{-}6)$$

式中　$P(t)$——时间尺度 t 下的输出功率或发电量。

相关因子在 $-1 \sim 1$ 之间，并有如下关系：

(1) 数值接近 1 时两个变量的数据列存在正线性关系；

(2) 数值接近 -1 时两个变量的数据列存在负线性关系；

(3) 数值接近或等于 0 时两个变量的数据列无线性关系；

相关因子一般可由 Matlab 进行计算。

在对于最佳比的计算中，可先假设风能、太阳能的发电比值为 0：1，然后逐步增加风能的比例。可以看出，针对某一时间单位（如小时，天，月等），随着风电在总能源总量的比重增大，总发电量时间序列的标准离差以及相邻时间单位发电量绝对变化量的标准离差呈现先减小后增大的趋势。同时，总发电量以及相邻时间单位的发电量绝对变化量的波动区间呈现先缩小后扩大的趋势。这说明，对于风能和太阳能的时间互补性，使得标准离差最小的配置即为最佳组成比；当两种可再生能源在发电总量中的比重为这一个最佳比时，互补性最强，发电效率最高。

相关系数的计算可以具体参考以下几个案例。

4.2.2 案例1：伊朗 Mahshahr 地区

伊朗 Mahshahr 地区因富有大量、多种可再生能源而著称，文献[13]中根据该地区的气候及地质条件，得到了风能、太阳能及潮汐能这三种能源的相关系数，如表 4-1 所示。

伊朗 **Mahshahr** 地区太阳能及潮汐能的相关系数 表 **4-1**

相关系数	风能	太阳能	潮汐能
风能	1	−0.1020	0.0179
太阳能	−0.1020	1	0.0137
潮汐能	0.0179	0.0137	1

由表 4-1 可以看出，相关系数是负值或者比较小，这表示了如果综合系统的最优的置信区间为 95%，则这一发电系统较单一发电系统更为有效的。负相关系数意味着变量变动的趋势彼此相反，当其中一个接近最大值时，另一个则接近其最小值。而较低的相关系数也意味着它们的路径是相互无关的，这证明了这一综合发电混合模型的优势。

4.2.3 案例2：我国香港晨曦岛

该岛屿人员稀少，与陆地不通水电，但具有较好的风力资源，且有充足的空间安装太阳发电组件。处于低纬度地区的我国香港特区拥有较为充足的太阳能，因此使用风能太阳能互补发电系统是十分合适的。文献[14]通过对于风力、太阳辐射等气象数据进行数值处理，得到了该地区综合发电系统的月分布及日分布相关系数分别为 0.113 及 −0.593。这一数据表明这两种能源具有较好的互补性，即风能与太阳能在时间上和季节上都有很好的互补性：白天太阳光照好、风较小，晚上无光照、风较强；夏季太阳光照强度大而风小，冬季太阳光照强度弱而风大。通过自然资源的评估这个岛比较适合用太阳能—风能互补发电系统。

4.3 典型气象年的选择

由于风光互补能源系统受环境影响很大，如需对其进行全年动态性能评价，需要考虑逐时太阳辐射、干湿球温度、风速等气象参数的影响。然而，气象参数却是逐时变动的，有其任意性与不确定性。若要模拟系统的动态性能及预测能耗，有代表性的全年逐时气象数据必不可少。典型气象年（Typical Meteorological Year，TMY）属于实测加工数据，其最大的优点就是真实、系统的气象数据。典型气象年数据不仅是风能、太阳能应用工程设计所必需的数据，也在建筑物的热模拟、空调负荷计算及建筑能源分析等方面有极其广泛的应用。

典型气象年是由一系列逐时的太阳辐射等气象数据组成的数据年，具有以下特征：

（1）其太阳辐射、空气温度与风速等气象数据发生频率分布与过去多年的长期分布相似；（2）其气象参数与过去多年的参数具有相似的日参数标准连续性；（3）其气象参数与过去多年的参数具有不同参数间的关联相似性。

在国外有很多关于计算典型气象年的文献。最为常见的方法是由 Hall 等人最先提出的经验法[15]，利用 Filkenstein-Schafer（FS）统计法[16]，考虑了干球温度与日太阳辐射总量的统计与连续性结构，从过去多年的气象数据中计算选择出 12 个典型月气象数据组成典型气象年。目前有多种计算典型气象年的方法，并指出对于不同的能源系统，典型气象年的选择计算可以采用不同的加权因子。上述文献所提出的计算结果主要应用于建筑能耗分析。本书作者[17]评估了各种典型气象年的选择计算方法，并采用分布概率函数 PDF（Probability Distribution Function）方法计算分析气象数据的连续性，并得到了适合可再生能源系统的典型气象年。

4.3.1 适用于风光互补发电系统的典型气象年

对于风光互补发电系统，其发电能效主要取决于当地的太阳辐射及风速，因此在生成典型气象数据时，这两者的比重应较大。本节重点介绍香港理工大学可再生能源研究小组针对可再生能源系统所生成的典型气象年，这一数据也适用于风光互补能源系统。

此研究利用 FS 统计法生成了典型气象年，并采用分布概率函数 PDF 方法计算分析气象数据的连续性。考虑到可再生能源的特性，该气象年主要考虑了 4 种气象参数，即当地的干球温度、露点温度、风速及太阳总辐射值。以小时为单位的气象数据与其分布函数相比较，而并非与其最大、最小或平均值相比。一个典型气象年包括 12 个典型气象月。从所有年中选出 5 个具有最小加权和的月份，对不同气象参数用日连续分布概率函数选出最小的加权和作为最终的典型气象月。这样选出的典型月份具有与长期统计最相似的分布特征与连续特征。

选取典型气象月时使用量纲参数 FS 进行统计，通过对 PDF 的比较来确定。FS 是统计学概念，具体计算方法如下：

$$FS_j(y,m) = \frac{1}{N}\sum_{i=1}^{N} |PDF_{y,m}(X_j(i)) - PDF_m(X_j(i))| \tag{4-7}$$

FS 值越小，则该月离长期统计值的偏差就越小。

之后，将各个气象参数的 FS 值按照一定的加权系数，汇总成一个参数 WS，最小加权和计算方法如下：

$$WS(y,m) = \frac{1}{M}\sum_{j=1}^{M} WF_j \times FS_j, \sum_{j=1}^{M} WF_j = 1 \tag{4-8}$$

式中　$FS_j(y,m)$——第 j 个气象参数值域在 $X(i)$ 范围的 $FS(y,m)$ 统计值；

　　　　y——研究对象年；

　　　　m——研究对象年中的月份；

$PDF_{y,m}(X_j(i))$——第 j 个气象参数值域在 $X(i)$ 范围的 PDF 值；

$PDF_m(X_j(i))$——对于月份 m，第 j 个气象参数长期统计值域在 $X(i)$ 范围的 PDF 值；

　　　　N——参数值选取个数，取决于参数的始点值、终点值和步距；

M——逐时气象参数选取的个数，对于可再生能源系统，$M=4$；

$WS(y,m)$——y 年 m 月的平均加权和；

WF_j——第 j 个气象参数的加权因子。

考虑到气象数据的分布，具有最小加权和的月份即为典型气象月。对于生成典型气象年，加权因子的确定是十分重要的，针对应用太阳能及风能的可再生能源系统，加权因子的选择如表 4-2 所示。

生成典型气象年所需的加权因子　　　　　　　　　　　　表 4-2

气象参数	加权因子
干球温度	1/24
露点温度	1/24
风速	11/24
总水平太阳辐射	11/24

气象数据的连续性结构很大程度上影响一些系统的可靠性与系统的能量储存容量与运作性能。譬如对于太阳能系统与风力发电系统，连续几天的阴雨气象条件与连续几天的无风气象条件都会影响系统的正常运行。所以典型月气象参数的连续性特征与长期气象连续性特征一致性也是一个非常重要的评估标准。连续性的参数一般只考虑最为重要的数据变量，对于太阳能和风能综合系统，主要考虑太阳辐射总量及风速两个因子。与针对建筑能耗模拟的典型气象年不同，连续性结构对于可再生能源系统的评估有很大的影响。

采用以上方法，考虑了气象参数的连续性结构，可从气象数据中选出最佳典型气象月，以构成典型气象年。以我国香港（$22°18'N$，$114°10'E$）为例，如表 4-3 所示，从 22 年（1979～2000）气象数据中选取具有最小加权和的月份作为典型月，由 12 个不同的典型月组成典型气象年。

我国香港地区优选典型代表月　　　　　　　　　　　　表 4-3

优选气象年顺序	选择年份											
	1 月	2 月	3 月	4 月	5 月	6 月	7 月	8 月	9 月	10 月	11 月	12 月
不考虑连续性的候选年												
1	1997	1995	1999	2000	1997	1994	2000	1986	1998	1989	1985	1996
2	1999	1996	1984	1993	1981	1995	1989	1996	1996	1998	1989	1993
3	1995	1985	1998	1979	1995	1984	1988	1995	1995	1993	1996	1992
4	2000	1998	1995	1999	1984	1979	1995	1985	1980	1987	1984	1987
5	1980	1997	1997	1980	1991	1992	1992	1997	1986	1982	1997	1989
考虑连续性结构的候选年												
1	1980	1997	1984	1999	1981	1979	1989	1997	1980	1987	1989	1993
2	1995	1998	1995	1980	1995	1984	1992	1986	1995	1993	1984	1992
3	1997	1995	1999	2000	1984	1992	1988	1996	1986	1989	1985	1987
4	1999	1996	1997	1979	1997	1994	1995	1985	1996	1998	1996	1996
5	2000	1985	1998	1993	1991	1995	2000	1995	1998	1982	1997	1989

4.3.2 案例分析及与其他典型气象年的比较

对于典型气象年，加权因子的选择是十分重要的。对于不同的新能源系统，计算选择典型代表月时，考虑的逐时气象参数不同；而对于同一参数其加权因子也会因系统特性的不同而不同。由表 4-4 可以看出，之前大多数对于典型气象年的研究都是针对建筑能耗模拟的，温度及太阳辐射的加权因子较大。而本书中提到的典型气象年针对风能及太阳能的可再生能源系统，因此太阳辐射及风速的加权因子应该较大。

不同文献中对于天气参数的加权因子　　　　　　　　　　　表 4-4

天气参数	TMY[Hall]	TMY[MU]	TMY[ASHRAE]	EMY[WN]
最大干球温度	1/24	1/20	5/100	1/4
最小干球温度	1/24	1/20	5/100	
干球温度平均值	2/24	2/20	30/100	
最大湿球温度	1/24	1/20	2.5/100	1/4
最小湿球温度	1/24	1/20	2.5/100	
湿球温度平均值	2/24	2/20	5/100	
最大风速	2/24	1/20	5/100	1/4
平均风速	2/24	1/20	5/100	
太阳辐射总量	12/24	5/20	40/100	1/4
太阳直射辐射量		5/20	—	

注：[Hall] 表示 Hall et al. (1979) 所提出的加权因子；[MU] 表示 Marion and Urban (1995)[18] 所提出的加权因子；[ASHRAE] 表示 ASHRAE (1997)[19] 所提出的加权因子；[WN] 表示 Wong and Ngan (1993)[20] 所提出的加权因子。

为体现本典型气象年在评估风光互补系统上的优势，及验证由不同标准选出的典型气象年对系统模拟结果的影响程度，本书对于一个太阳能—风能互补系统案例进行了模拟。这一案例位于我国香港某离岛，风能互补系统包括一架 1kW 的风机及 8 块 50W 的光伏板。具体的产能计算方法可见文献[21]。

针对不同的典型气象年，模拟结果如表 4-5 所示。可以看出，风光互补系统的模拟年发电量受气象参数的影响很大，不同典型气象年所得到的结果非常不同。

应用不同典型气象年系统模拟的年发电量　　　　　　　　　表 4-5

项目	年发电量(kWh)		
	风能	太阳能	总能量
TMY[LY]	3277.222	408.847	3686.069
TMY[Hall]	3346.488	399.496	3745.984
TMY[MU]	3446.102	400.758	3846.860
TMY[ASHRAE]	3457.300	405.630	3862.930
TMY[WN]	3173.673	382.482	3556.155
TMY	3567.457	413.569	3981.026

注：[LY] 表示本书作者所提出的加权因子；其他同表 4-4。

由于本书中所提出的典型气象年对于太阳辐射和风速有较高的加权因子，是最为适合风光互补系统的。因此，以上文中的典型气象年为标准，评估不同研究中的气象年，结果如图4-5所示。通过比较可以看出，由于没有低估了太阳辐射及风速的影响，使用其他典型气象年所计算得到的发电量都偏小，特别是针对风力发电部分，最大的偏差达到了−11.04%；而对于光伏板的发电量，最大的偏差也有−10.67%。因此，可以看出，之前对于典型气象年的研究大多数都不适用于风光互补发电系统。为准确评估风光互补发电系统的发电量，本书中所提到的典型气象年的生成方法是比较实用的。同时，由图4-5可以看出，如不考虑气象数据的连续性，所计算得到的风光互补发电系统的发电量也偏小，−7.41%，这说明气象数据的连续型结构是不可忽略的。

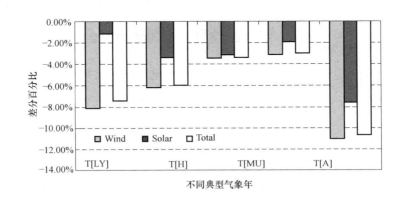

图4-5　使用不同典型气象年计算得到的风光互补系统发电量

可以看出，为评估风光互补系统的能源特性，典型气象年的选择是非常重要的。本书中提出的典型气象年，着重考虑了太阳辐射及风速的影响，适用于风光互补系统，同时，气象参数的连续性结构也是必须要考虑的。

4.4　小结

本章首先介绍了太阳能和风能资源的互补性。我国的太阳能、风能等可再生能源资源储备非常丰富。由于我国处于季风气候区，在很多地区，风能和太阳能在时间与空间上均具有良好的互补特性，该特性使风光互补发电系统在资源上具有最佳的匹配性。本章以我国赤峰、辽宁、内蒙古及香港为例，具体介绍了太阳能和风能资源的互补性。

为较大程度的利用风能、太阳能资源，本章介绍了太阳能和风能之间的相关性系数。为初步评估某一地区风光互补系统的配置，本章介绍了计算该最佳组成的简单方法。同时，由于风光互补能源系统受环境影响很大，典型气象年数据是风能、太阳能应用工程设计所必需的数据。本章介绍了目前常用的选择典型气象年的方法，并给出了适用于风光互补能源系统的加权因子。以我国香港地区的某一风光互补系统为例，分析了不同典型气象年对于发电量的影响。从模拟结果可以看出，为评估风光互补系统的能源特性，选择着重考虑了太阳辐射及风速的影响的典型气象年是十分必要的，同时，气象参数的连续性结构也是必须要考虑的。

本章参考文献

［1］ 饶建业，徐小东，何肇等. 中外风电并网技术规定对比［J］. 电网技术，2012，36（8）：44-49.

［2］ XIAO C, LUO H, TANG R, et al. Solar thermal utilization in China［J］. Renewable energy，2004，29（9）：1549－1556.

［3］ 迟永宁，王伟胜，戴慧珠. 改善基于双馈感应发电机的并网风电场暂态电压稳定性研究［J］. 中国电机工程学报，2007，27（25）：25-31.

［4］ 耿华，许德伟，吴斌等. 永磁直驱变速风电系统的控制及稳定性分析［J］. 中国电机工程学报，2009，29（33）：68-75.

［5］ 周玮，彭昱，孙辉等. 含风电场的电力系统动态经济调度［J］. 中国电机工程学报，2009，29（25）：13-18.

［6］ 佟小林，乌兰，王超，梁秀婷. 内蒙古地区风能、太阳能资源互补性分析［J］. 内蒙古气象，2009，3：32-33.

［7］ 何超军，王优胤，吴赛男. 辽宁电网风光互补发电应用研究. 东北电力技术［J］，2009，12：27-31.

［8］ 杨洪兴，吕琳，J. Burnett. Weather data and probability analysis of hybrid photovoltaic-wind power generation systems in Hong Kong［J］. Renewable Energy，2003，28（2）：1813-1824.

［9］ 陈丽媛，陈俊文，李知艺，庄晓丹. "风光水" 互补发电系统的调度策略［J］. 电力建设. 2013，34（12）：1-6.

［10］ 谈蓓月，卫少克. 风光互补发电系统的优化设计［J］. 上海电力学院学报，2009，25（3）：244-248.

［11］ 肖毅. 风/光互补发电系统的优化设计［J］. 西安：西安交通，2001.

［12］ 刘怡，肖立业，Haifeng WANG 等. 中国广域范围内大规模太阳能和风能各时间尺度下的时空互补特性研究［J］. 中国电机工程学报，2013，33（25）：20-26.

［13］ N. Fallahi, S. H. Nourbakhsh, H. Shakouri. OPTIMIZATION OF A PV/WIND/TIDAL MODEL FOR HOUSING ELECTRIFICATION CASE STUDY: MAHSHAHR, IRAN. Proceeding in 11th International Conference on Sustainable Energy Technologies (Set-2012)，September 2-5，2012，Vancouver，Canada.

［14］ 马涛，杨洪兴，吕琳. A feasibility study of a stand-alone hybrid solar-wind-battery system for a remote island［J］. Applied Energy. 2014，121：149-158.

［15］ Hall I J, Prairie R R, Anderson H E, et al. Generation of typical meteorological years for 26 Solmet stations［J］. In: ASHRAE Trans，1979，85（2）. 507-517.

［16］ Filkenstein J M, Schafer R E. Improved goodness to fit tests［J］. Biometrica，1971，58：641-645.

［17］ 杨洪兴，吕琳. Study on Typical Meteorological Years and their effect on building energy and renewable energy simulations［J］. ASHRAE Transactions，2004，110（2）：424-431.

［18］ Marion W, Urban K. User's manual for TMY2's: typical meteorological years. National Renewable Energy Laboratories，SANd887- 2379，Albuquerque，NM，USA，1995.

［19］ ASHRAE. ASHRAE Handbook. 1989 Fundamentals.

［20］ Wong, W. L., Ngan, K. H. Selection of an "example weather year" for Hong Kong［J］. Energy and Buildings，1993，19：313-316.

［21］ 杨洪兴. SERC Projects Report: Validated Design Methods for Thermal Regulation of Photovoltaic Wall Structures，University of Wales College of Cardiff，UK.

第 5 章　太阳能—风能互补发电技术、系统配置及其优化

本章将详细介绍太阳能—风能互补发电技术的基本组成、技术参数、系统配置等，研究系统主要部件（太阳能光伏组件、风机及储能系统）的数学模型，然后基于数学模型利用遗传算法对系统配置进行模拟和优化设计，最后应用本章的方法讨论一个实际供电案例的设计和优化。

5.1　风光互补发电技术和系统

风光互补发电技术是利用太阳能、风能两种可再生能源进行互补发电的技术。在我国很多地区，太阳能与风能资源具有一定的互补特性[1]，这种特性为太阳能与风能的互补（联合）发电提供了可能。

风光互补发电技术可以很好地弥补单独的太阳能或单独风能发电的不足，充分利用可再生能源，是一项极具发展前景的技术[2]。与单独风力发电或光伏发电相比，它有以下优点：

（1）利用风能、太阳能的互补性，可以获得比较稳定的输出，系统有较高的可靠性，从而供电质量有较大提高。

（2）不消耗任何常规的化石能源，而且该系统运行过程中不造成任何废气废物排放，无噪声污染。

（3）同时，风电和光电系统在储能和输配电环节上是可以通用的，所以在保证同样供电的情况下，风光互补系统可大大减少储能蓄电池的容量，系统的造价可以降低，系统成本趋于合理。

（4）风光互补发电系统可以根据电网的负荷情况和自然资源条件进行系统容量的合理设计与配置，既可保证系统供电的可靠性，又可降低发电系统的造价。可以达到很少或基本不用启动备用电源（如柴油发电机组等）的效果，因此可获得较好的社会效益和经济效益。从技术评价上看，风光互补发电是一种非常合理的发电方式。

风光互补系统主要分为两种，大型并网系统和中小型离网系统。大型风光互补发电系统是可再生能源极有潜力的一种高效利用形式。2012 年 12 月 25 日，目前世界上规模最大的集风电、光伏发电、储能、智能输电于一体的新能源综合利用平台——国家风光储输示范工程在河北省张北县建成投产[3]。该工程通过风光互补、并网、储能调节、智能调度，实现了新能源发电的稳定发展和可控性。

本书主要讨论中小型离网系统。在离网系统中，它利用太阳能光伏电池方阵和风力发电机（将交流电转化为直流电）将发出的电能存储到蓄电池组中，当用户需要用电时，逆变器将蓄电池组中储存的直流电转变为交流电，通过输电线路送到用户负载处。这种系统特别适合应用在某些偏远的地区，例如许多海岛、山区等，远离电网，但由于当地旅游、渔业、航海等行业的通信需求，需要建立通信基站。这些基站用电负荷都不会很大，若采用市电供电，架杆铺线代价很大，若采用柴油机供电，存在柴油储运成本高、系统维护困

难、可靠性不高的问题。这时风光互补发电技术就是一个非常好的选择。

作为一套独立的发电系统，风光互补发电系统不需要和外界电网相接，无需复杂的供电设备，即可满足电力需求。因此，通信基站、微波站、边防哨所、边远牧区、无电户地区及海岛，在远离大电网、处于无电状态、人烟稀少、交通不便，但用电负荷低的情况下均适宜使用。

目前风光互补发电具有以下应用前景：（1）为偏远乡村提供照明和生活用电。（2）道路照明。例如风光互补 LED 智能化路灯、风光互补 LED 小区道路照明、风光互补 LED 景观照明、风光互补 LED 智能化隧道照明、智能化 LED 路灯等。（3）航标应用。可以克服目前仅用太阳能灯塔桩时，在连续天气不良状况下太阳能发电不足，易造成电池过放，灯光熄灭，影响了电池的使用性能或损毁的问题。（4）监控电源。风光互补发电系统为道路监控摄像机提供电源，不仅节能，而且不需要铺设线缆，减少了被盗的可能。（5）通信应用。可应用于海岛、山区等远离电网的通信基站中。

5.2 风光互补发电系统的数学模型与运行特性

5.2.1 离网型风光互补发电系统结构

离网型的风光互补发电主要包括：风力发电部分、光伏发电部分、逆变系统、控制部分和储能部分（见图 5-1）。以下是各个部件的主要功能：

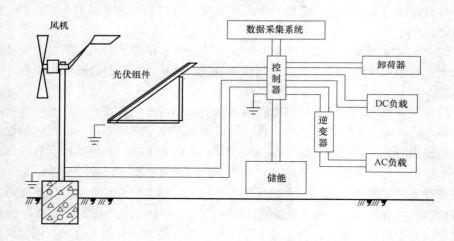

图 5-1　风光互补发电系统图

（1）光伏发电部分利用太阳能电池板的光伏效应将光能转换为电能，通过逆变器将直流电转换为交流电对负载进行供电，或将剩余的电量对蓄电池充电。

（2）风力发电部分是利用风力机将风能转换为机械能，通过风力发电机将机械能转换为电能，再通过控制器对蓄电池充电，经过逆变器对负载供电。

（3）逆变系统由逆变器（或整流器）组成，把蓄电池中的直流电变成标准的 220V 交流电，保证交流电负载设备的正常使用。同时还具有自动稳压功能，可改善风光互补发电系统的供电质量。

（4）控制部分根据日照强度、风力大小及负载的变化，不断对蓄电池组的工作状态进行切换和调节：一方面把调整后的电能直接送往直流或交流负载；另一方面把多余的电能送往蓄电池组存储。发电量不能满足负载需要时，控制器把蓄电池的电量送往负载，保证了整个系统工作的连续性和稳定性。

（5）储能系统由多块蓄电池组成，在系统中同时起到能量调节和平衡负载两大作用。它将风力发电系统和光伏发电系统输出的电能转化为化学能储存起来，以备供电不足时使用。

为了预测互补系统的性能，首先需要建立各个部件的模型，然后评价它们组合后满足负载的性能。这一节将分别介绍光伏发电、风机发电和蓄电池放电的模型和运行特性。

5.2.2　光伏发电的数学模型

光伏发电是将太阳能转换成电能的发电系统，利用的是光电效应。其特点是可靠性高、使用寿命长、不污染环境、能独立发电又能并网运行，受到各国企业的青睐，具有广阔的发展前景。据智研咨询统计：2012 年全球光伏发电累计装机达到 97GW，2012 年全球新增装机 30GW，我国新增装机占全球总量的 16％以上 。随着国家对清洁能源产业的大力扶持，我国光伏发电系统产业将迎来发展高峰期。

太阳能电池板是太阳能发电系统中的核心部分，也是太阳能发电系统中价值最高的部分。其作用是将太阳的辐射能转换为电能，或送往蓄电池中存储起来，或推动负载工作。太阳能电池板的质量和成本将直接决定整个系统的质量和成本。

5.2.2.1　发电模拟

为了对含光伏电源的电力系统进行各种仿真研究，必须建立准确的光伏发电系统数学模型。

光伏电池的发电原理是光电效应，一个光伏电池具有类似于二极管 PN 结的结构。当光照射在电池上，PN 结两端就会有电压产生，单独的光伏电池功率很小，所以光伏发电系统要将大量的光伏电池串并联，以构成光伏阵列。

因此，在得到光伏电池的模型后，进行串并联等效可得到光伏阵列的模型。光伏电池模型主要分为光伏电池基本 $I\text{-}V$ 特性模型和简化的工程用模型等。基于光伏电池特性的等效电路如图 5-2 所示。相应的 $I\text{-}V$ 特性可以表示为[4][5]：

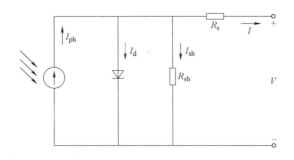

图 5-2　光伏电池的等效电路

$$I=I_{\mathrm{ph}}-I_{\mathrm{D}}-I_{\mathrm{sh}}=I_{\mathrm{ph}}-I_{\mathrm{d}}(e^{\frac{V+IR_{\mathrm{s}}}{V_{\mathrm{t}}}}-1)-\frac{V+IR_{\mathrm{s}}}{R_{\mathrm{sh}}} \tag{5-1}$$

式中　R_{s} 和 R_{sh}——分别为等效串联阻抗和并联阻抗；$V_{\mathrm{t}}=\dfrac{AKT}{q}$；

　　　　T——电池温度；

　　　　q——电子电量；

A——无量纲的任意曲线的拟合常数，$1 \leqslant A \leqslant 2$，当光伏电池输出高电压时 $A=1$，当光伏电池输出低电压时 $A=2$；

K——波尔兹曼常数；

I_{ph}和 I_d——分别为光生电流和流过二极管的反向饱和漏电流，I_{ph}和 I_d是随环境变化的量，需根据具体的光照强度和温度确定，其计算式分别为：

$$I_{ph}=I_{sco}[1+h_t(T-T_0)]\frac{G}{G_0} \tag{5-2}$$

$$I_d=bT^3e^{(-\frac{a}{T})} \tag{5-3}$$

式中 I_{sco}——标准日照、标准温度时的短路电流；

h_t——温度系数，$h_t=6.4\times10^{-4}$/K；

T——光伏电池的温度；

T_0——标准电池温度；

a，b——常数，$a=1.336\times10^4$，$b\approx235$

G——光照强度；

G_0——标准光照强度。

5.2.2.2 对 I-V 特性进行简化的工程用模型

上述模型是基于物理原理基本解析表达式得到的，已被广泛应用于太阳能电池的理论分析中，但由于表达式中的 I_{ph}、I_0、R_s、R_{sh}和 A 等参数与电池温度和光照强度有关，确定十分困难，而且这些参数也不是太阳能电池供应商向用户提供的技术参数，不便于工程应用。为了解决此问题，综合各种文献，本书给出了工程用的光伏电池数学模型。该模型在式（5-1）的光伏电池 I-V 特性基础上，用了有 2 个假设：

（1）忽略 $(V+IR_s)/R_{sh}$项，这是因为在通常情况下该项远小于光电流。

（2）设 $I_{sh}=I_{sc}$，这是因为在通常情况下 R_s远小于二极管正向导通电阻。

并定义：

（1）开路状态下，$I=0$，$V=V_{oc}$。

（2）最大功率点，$V=V_m$，$I=I_m$。

由此，I-V 特性方程可以简化为：

$$I=I_{sc}\left\{1-C_1\left[\exp\left(\frac{V}{C_2V_{oc}}\right)-1\right]\right\} \tag{5-4}$$

解得：

$$C_1=\left(1-\frac{I_m}{I_{sc}}\right)\exp\left(-\frac{V_m}{C_2V_{oc}}\right) \tag{5-5}$$

$$C_2=\left(\frac{V_m}{V_{oc}}-1\right)\left[\ln\left(1-\frac{I_m}{I_{sc}}\right)\right]^{-1} \tag{5-6}$$

该模型只需输入光伏电池厂家提供的技术参数短路电流 I_{sc}、开路电压 V_{oc}、最大功率点电流 I_m、最大功率点电压 V_m，就可以得出中间变量 C_1和 C_2，从而确定 I-V 曲线。以上 4 个参数会随着光照强度或温度的变化而改变，其修正方法如下：

$$\Delta T=T-T_0 \tag{5-7}$$

$$\Delta G=\frac{G}{G_0}-1 \tag{5-8}$$

$$I'_{sc} = \frac{I_{sc}G}{G_0}(1+a\Delta T) \qquad (5\text{-}9)$$

$$V'_{oc} = V_{oc}(1-c\Delta T)(1+b\Delta G) \qquad (5\text{-}10)$$

$$I'_{m} = \frac{I_{m}G}{G_0}(1+a\Delta T) \qquad (5\text{-}11)$$

$$V'_{m} = V_{m}(1-c\Delta T)(1+b\Delta G) \qquad (5\text{-}12)$$

式中　I'_{sc}、V'_{oc}、I'_{m}、V'_{m}——分别为 I_{sc}、V_{oc}、I_{m}、V_{m} 在不同环境下的修正值；

$\qquad\quad T$——光伏电池的温度；

$\qquad\quad G$——光照强度；

$\qquad\quad T_0$——标准电池温度，其值为 25 ℃；

$\qquad\quad G_0$——标准光照强度，$G_0 = 1000 \mathrm{W/m^2}$；

$\qquad\quad a$、b、c——常数，典型值为 $a=0.0025/℃$，$b=0.5$，$c=0.00288/℃$。

　　根据上述模型，可以得出光伏板的 $I\text{-}V$ 特性曲线。图 5-3 为光伏组件在不同辐照度情况下的 $I\text{-}V$ 和 $P\text{-}V$ 特性曲线。图 5-4 为光伏组件在不同温度情况下的 $I\text{-}V$ 和 $P\text{-}V$ 特性曲线。从图 5-3 可知，光伏组件的输出电流与辐照强度成正比，随着辐照度的增加，光伏组件的输出电流随之增大，最大功率点功率也随之增加。从图 5-4 可看出，光伏组件的输出电压与温度成反比，随着温度的增加，光伏组件的输出电压减少，最大功率点功率也随之

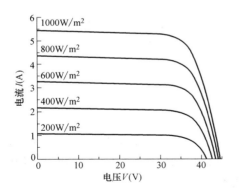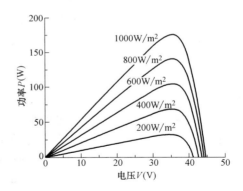

图 5-3　不同太阳辐射下 $I\text{-}V$ 和 $P\text{-}V$ 曲线

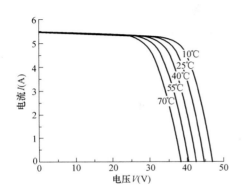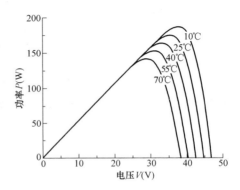

图 5-4　不同温度下 $I\text{-}V$ 和 $P\text{-}V$ 曲线

减少。输出电流受辐照度影响较大，而电压受辐照度影响较小。输出电流受温度影响较小，而输出电压受温度影响较大。

5.2.3　风力发电系统的数学模型

风机是将风的动能转化成电能的机械。总体上而言，当今普遍使用的风机有两种类型：水平轴风机和垂直轴风机。水平轴风机采用类似于有几百年历史的欧洲风车的设计，它通过调整自身与风流的方向使叶片转动，将风的动能转化为电能。目前，水平轴风机是最普遍使用的风机。现代垂直轴风机是由 George Derrieus 在 20 世纪 20 年代发明的。这种风机不需要依靠放在很高的风场旋转，而只需要放置在水平地面，这使得其安装和维修更容易。风机的形状使得叶片在离心力的作用下将其沿着整个叶片的方向抛出，这要求它们比水平轴风机上的竖直叶片更加牢固。

本章中，风机的模拟和分析将基于水平轴风机形式，因为它在风能发电领域的应用更为广泛。对于风机发电模拟而言，选择一个合适的模型是很重要的。决定风机能量的输出有三个主要的因素，即：选定风机的能量输出曲线（由空气动力能量效率，机械传递效率和电能转换效率共同决定）、风机安装地点的风速分布和安装高度。

风机能量曲线是非线性的，这些数据可以从风机制造厂家获得，易于数字化的表格可以用来模拟风机的性能。

5.2.3.1　风速随高度的修正

风速随高度的变化和不同地区的风速数据通常在不同的高度水平下测量获得。风能定律被认为是将所记录的风速表数据转化到枢纽中心的一个有效的工具。

$$v = v_r \left(\frac{H_{wr}}{H_r} \right)^{\zeta}$$ (5-13)

式中　v——风机高度 H_{wr} 处的风速，m/s；

　　　v_r——参考高度 H_r 下测量的风速，m/s；

　　　ζ——风速能量定律系数。该系数在非常平坦的地面、水或者冰时小于 0.10，在茂密的森林时大于 0.25，在低粗糙度的表面，例如远离高大树木和建筑物的开阔草地时，0.14 是一个很好的参考数值[6]。

5.2.3.2　空气密度的修正

空气密度呈现随海拔高度增加而递减的规律。由于我国的地形复杂、高差较大，安装地的空气密度与海平面标准大气压情况下测量的空气密度有一定的差别，这将对风机的实际发电量有影响，特别是对于海拔较高的地区应给予修正。

从气体状态方程出发，考虑水汽的影响，采用估算空气的密度方法：

$$\rho = \rho_0 \times \frac{1}{1 + 0.00366 t} \times \left(\frac{p - 0.378 e}{1000} \right)$$ (5-14)

在没有湿度观测的地方，可以使用理想气体状态方程对密度进行修正：

$$\rho = \frac{p}{RT}$$ (5-15)

式中　p——大气压，Pa；

　　　e——水汽压，Pa；

　　　t——气温，℃；

T——开尔文温度，K。

5.2.3.3 风机发电模型

风力机只能从风能中获取一部分能量，获取能量的程度可用风能利用系统C_P来衡量。对于一台实际的风力机，其机械功率P_m可用下式表示：

$$P_m = C_P P_w = \frac{1}{2}\rho A v^3 C_p = \frac{1}{8}\rho D^2 v^3 C_p \tag{5-16}$$

式中 P_w——通过风轮扫过面积的风的能量；

$\quad\quad D$——风轮直径；

$\quad\quad C_P$——风能利用系数，是变量，随着风速、风机转换及风机叶片参数的变化而变化；

$\quad\quad v$——轮毂高度实际风速；

$\quad\quad \rho$——空气密度（标准空气密度为 1.225kg/m^3）。

一般典型风力机的实际输出特性 $P(v)$ 由下式表示：

$$p_w(v) = \begin{cases} p_R \dfrac{v^k - v_c^k}{v_R^k - v_c^k} & (v_c \leqslant v \leqslant v_R) \\ P_R & (v_R \leqslant v \leqslant v_F) \\ 0 & (v < v_c \ and \ v > v_R) \end{cases} \tag{5-17}$$

式中 P_R——发电机额定输出功率；

$\quad\quad v_c$——风轮机起动风速；

$\quad\quad v_R$——风轮机额定功率风速；

$\quad\quad v_F$——风轮机停机风速。

因此，风力机的输出功率与风速密切相关。标准空气密度条件下，风电机组的输出功率与风速的关系曲线称为风电机组的标准功率特性曲线，可由厂家提供。在安装地点条件下，风电机组的输出功率与风速的关系曲线称为风电机组的实际输出功率特性曲线。图5-5展示了一个典型风机的功率特性曲线。

有关风能和风机发电技术的详细的介绍请参照本书第3章。

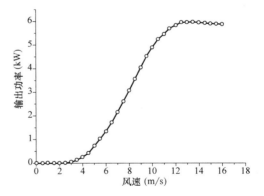

图 5-5　风机功能量输出曲线
（资料来源：Proven 11）

5.2.4　蓄电池充放电的数学模型

离网型风光互补系统中常用的电池是铅酸电池。建立合适的数学模型对电池的性能评估、充放电模拟非常重要。

蓄电池组的表征特性的数学模型是描述蓄电池组储存电量的变化状态，从而确定 t 时刻蓄电池在系统的运行中起到的作用；作为系统的储能设备，蓄电池组除了改善电能质量外，更大的用途是改善电量的供需平衡。在系统运行中蓄电池组运行状态分为充电状态、放电状态、电量静止状态（既无充电也无放电）蓄电池组 t 时刻运行状态，是由 t 时刻风光互补发电系统的发电量、蓄电池 $t-1$ 时刻的储存电量和 t 时刻的耗电量共同决定的。

通过蓄电池组的表征特性的数学模型可以知道蓄电池逐时的运行状态和储存电量变化的情况。

5.2.4.1 蓄电池充电状态模型

蓄电池充电状态模型指出了系统处于充电状态运行时，运行需要的条件和蓄电池储存电量的变化情况。

蓄电池组处于充电状态的条件是：

$$\begin{cases} [W_{WT}(t)+W_{PV}(t)]\times\eta_{inv}-E_L(t)>0 \\ E_B(t-1)<E_{Bmax} \end{cases} \tag{5-18}$$

蓄电池组充电运行的电量状态为：

$$\begin{cases} E_B(t)=E_B(t-1)\times(1-\delta)+\{[W_{WT}(t)+W_{PV}(t)]\times\eta_{inv}-E_L(t)\}\times\eta_{Bc} & (E_B(t)<E_{Bmax}) \\ E_B(t)=E_{Bmax} & (E_B(t)\geqslant E_{Bmax}) \end{cases}$$

$$\tag{5-19}$$

式中　$E_B(t)$ ——t 时刻蓄电池的荷电量；

δ——蓄电池组的每小时的自放电率；

$W_{WT}(t)$——安装风力发电机从 $t-1$ 时刻到 t 时刻的发电量；

$W_{PV}(t)$——安装太阳能电池板从 $t-1$ 时刻到 t 时刻的发电量；

η_{inv}——逆变器的效率；

$E_L(t)$——负载从 $t-1$ 时刻到 t 时刻的耗电量；

η_{Bc}——蓄电池组的充电效率；

E_{Bmax}——铅酸蓄电池组的最大荷电量，等于蓄电池组的额定容量。

5.2.4.2 蓄电池放电状态模型

蓄电池放电状态特性模型指出了系统处于放电状态运行时，运行需要的条件和蓄电池储存电量的变化情况。

蓄电池组处于放电的状态条件是：

$$\begin{cases} [W_{WT}(t)+W_{PV}(t)]\times\eta_{inv}-E_L(t)<0 \\ E_B(t-1)>E_{Bmin} \end{cases} \tag{5-20}$$

蓄电池组放电运行的电量状态为：

$$\begin{cases} E_B(t)=E_B(t-1)\times(1-\delta)+\{[W_{WT}(t)+W_{PV}(t)]\times\eta_{inv}-E_L(t)\}/\eta_{Bd} & (E_B(t)>E_{Bmin}) \\ E_B(t)=E_{Bmin} & (E_B(t)\leqslant E_{Bmin}) \end{cases}$$

$$\tag{5-21}$$

式中　η_{Bd}——铅酸蓄电池组的放电效率；

E_{Bmin}——蓄铅酸电池组的最小荷电量，由蓄电池组的最大放电深度 DOD 决定，$E_{Bmin}=(1-DOD)\times E_{Bmax}$。

5.2.4.3 蓄电池组电量静止状态特性模型

蓄电池处于电量静止运行状态有以下 3 种情况：系统发电量与负载耗电量相等；蓄电池组停止放电系统缺电状态；蓄电池组停止充电系统过电状态。

（1）系统发电量与负载耗电量相等：

$$[W_{WT}(t)+W_{PV}(t)]\times\eta_{inv}-E_L(t)=0 \tag{5-22}$$

（2）系统处于缺电状态，蓄电池组停止放电：

$$\begin{cases} [W_{WT}(t)+W_{PV}(t)]\times \eta_{inv}-E_L(t)>0 \\ E_B(t-1)=E_{Bmax} \end{cases} \qquad (5-23)$$

（3）系统处于过电状态，蓄电池组停止充电：

$$\begin{cases} [W_{WT}(t)+W_{PV}(t)]\times \eta_{inv}-E_L(t)<0 \\ E_B(t-1)=E_{Bmin} \end{cases} \qquad (5-24)$$

（4）蓄电池组电量静止状态电量变化：

$$E_B(t)=E_B(t-1) \qquad (5-25)$$

5.3 风光互补发电系统优化设计

可再生能源将会在未来的发电行业中占有很大的比例。然而，无论是太阳能还是风能都具有一个共同的缺点，即不可预测性和随着气候变化而改变的特性，同时太阳能和风能的变化与能源需求的时间分布是不一致的。

当然，由这两种资源的特性带来的问题可以用两者合理的配置和优化来克服。通过合理配置和优化的方法可以保证以最小的投资获得最优的可再生能源系统。另一方面，与单一的能源系统相比，风光互补发电系统的复杂性增加了，从而产生了另外一些问题。由两种不同资源的结合的复杂性，从而使得互补系统分析起来更加困难。为了有效和经济地利用可再生能源，系统的优化设计和配置是必需的。系统优化在保证充分利用太阳能、风能和电池的同时，使用最低廉的投资成本以取得投资和产能可靠性要求的最优化。

众所周知，合理的匹配设计是充分发挥风光互补发电优越性的关键。准确合理的匹配设计可以保证蓄电池工作在尽可能理想的条件下，最大限度地延长蓄电池的使用寿命，降低供电成本，获得以最小投资成本达到满足用户用电要求的效果。近年来，国外已相继开发出一些模拟风力、光伏及其互补发电系统性能的大型工具软件包。通过模拟不同系统配置的性能表现和供电成本，可以优化出最佳的系统配置。由于这些工具软件包的价格不菲，大部分光伏系统设计人员无法使用到这样的软件工具。另一方面，作为商业秘密，模拟所使用的表征风力发电机、光伏组件和蓄电池特性的数学模型也未被公开。

有许多学者致力于探索一种相对简单的设计光伏及其互补发电系统的方法，然而它们中的绝大部分忽略了系统性能的精确确定。有些工作把重点放在气象数据的统计学特征对系统性能的影响或组件特性的非线性和系统操作方案对系统设计的影响；还有一些工作以时间为步长进行系统性能的模拟，并以此为基础试图找出联系有限个气象特征参数和系统配置关系的公式。然而模拟所使用的表征组件特性的数学模型往往过于简单，譬如用线性模型表征组件特性。另外，负载通常也被假定是恒定不变的，这些都造成了所推导出的公式的适用范围非常有限。Borowy 等人给出了一种更直接的确定风光互补发电系统中蓄电池和 PV 方阵最佳容量组合的方法。然而他们直接使用了 PV 组件和蓄电池的个数来设计系统，并未将 PV 组件和蓄电池的串联数和并联数区分开来，事实上在设计系统时两者需要分开考虑。另外，确定系统工作状态所使用的表征组件特性及评估实际获得的风光资源的数学模型也需要进一步完善。

很多学者提出了各种系统优化的方法，比如概率方法、图形化建造方法和迭代方法。以上的优化方法都有一个共同的缺点，即它们不能找到系统可靠性和系统造价的最佳平衡点。采用概率编程技术或者线性改变相应的变量的值，无法得到解的最优化，有时会增加计算的复杂程度。并且这些方法通常不考虑一些系统设计参数，比如光伏板的倾角和风机的安装高度，因此会大大影响能量产出和系统造价。

本节将介绍一种离网型风光互补发电系统的优化模型，该模型是基于两个参数：全年负载缺电率（Loss of Power Supply Probability，$LPSP$）和年度平均成本（Annualized Cost of System，ACS）。系统发电的可靠性和相应的系统成本是设计风光互补发电系统时主要关注的两大问题。优化的目的在于找到这两个目标（即 $LPSP$ 和 ACS）之间最佳平衡点的配置，在相关计算的简化条件下，实现全局优化。在优化过程中，系统的决定变量（decision variables）包括：光伏板的数目、风机的数目、蓄电池的数目、光伏板的倾角和风机的安装高度。采用遗传算法（Genetic Algorithm，GA）优化混合系统的配置，可以实现用最小的花费满足系统产能可靠性的要求。遗传算法的优势在于得到全局最优解，特别是在全局优化特别困难的多模型和多目标优化的问题中。

5.3.1 基于 $LPSP$ 的系统可靠性模型

不连续和不稳定的太阳能和风能输出对负荷有很大影响，供电的可靠性是系统设计时非常重要的目标。对风光储互补发电系统的可靠性优化设计，采用了全年负载缺电率（$LPSP$）作为系统可靠性优化设计函数。负载缺电率是反映风光互补发电系统供电可靠性的指标，定义为系统停电时间与供电时间的比值[7]；全年负载缺电率（$LPSP$）等于全年 8760h 内负载缺电量与负载正常运行全 8760h 耗电量的比值，其值介于 0～1 之间，数值越小代表可靠性越高。$LPSP$ 值为 0 意味着任何时间负载都可以被满足；当 $LPSP$ 为 1 时，意味着负载永远不能被满足。全年循环累计亏电量 $LPSP$ 是一个统计参数，表示全年 8760h 缺电量累计和，定义负载全年时间内运行中亏欠的电量。

在设计离网型的风光互补系统时，有两种计算 $LPSP$ 的方法。第一种基于时序模拟，这种方法的计算负担大，需要一段特定时间的数据。第二种方法是用概率方法合并资源和负载的波动特效，因此避开了对一段特定时间的数据的依赖。考虑到蓄电池对能量的积累，为了更准确地展现系统运行情况，时序方法也被应用于这个研究中。目标函数为 $LPSP$，时间从 0 到 T 可以表示为：

$$LPSP = \frac{\sum_{t=0}^{r} Power \cdot failure \cdot time}{T} = \frac{\sum_{t=0}^{r} Time(P_{\text{available}}(t) < P_{\text{needed}}(t))}{T} \quad (5\text{-}26)$$

这里 T 为输入的逐时天气数据的小时数。负载缺电时间是指当风机和光伏板产生的电量不足，并且蓄电池已经耗尽时，不能满足负荷的用电需求的时间。负载所需的电量可以用式（5-27）表示：

$$P_{\text{needed}}(t) = \frac{P_{\text{AC load}}(t)}{\eta_{\text{inverter}}(t)} + P_{\text{DC load}}(t) \quad (5\text{-}27)$$

从互补发电系统得到的供电量可以用式（5-28）表示为：

$$P_{\text{supplied}}(t) = P_{\text{PV}} + P_{\text{WT}} + C \cdot V_{\text{bat}} \cdot Min\left[I_{\text{bat,max}} = \frac{0.2C'_{\text{bat}}}{\Delta t}, \frac{C'_{\text{bat}} \cdot (SOC(t) - SOC_{\text{min}})}{\Delta t} \right]$$

$$(5\text{-}28)$$

这里 C 是常数，$C=0$ 表示蓄电池充电过程，$C=1$ 表示蓄电池放电过程。

SOC（state-of-charge）是 t 时刻蓄电池电量的状态，它的计算是基于 $t-1$ 时刻蓄电池的 SOC。假设风机输出的是直流电（DC），则无需整流器或逆变器。当风机设计为输出交流电（AC）时，需要考虑将交流电转化为直流电时，需要考虑整流器的能量损失。

因此，对于一个给定的 $LPSP$，根据第 5.2 节的数学模型可以得出一系列满足此 $LPSP$ 的不同系统配置。

5.3.2 基于 ACS 的系统经济性模型

系统全寿命周期经济性的评估是风光储互补发电系统在其寿命运行周期内的总成本费用，包括系统初期设备购买费用、设备更换成本、设备的维护成本、亏电造成经济损失的惩罚成本。风光混合系统的优化目的是使得系统可靠性和系统成本两个目标达到最佳平衡点。在本书中，对于经济性的研究，采用年度平均成本（ACS）的概念作为系统经济性分析的基石。对于风光互补系统的研究，年度平均成本包括年度投资费用（annualized capital cost）C_{acap}、年度重置费用（annualized replacement cost）C_{arep} 和年度维修费用（annualized maintenance cost）C_{amain}。由此可以看出，年度平均成本 ACS 不但考虑了传统经济优化方法即采用初期设备购买费用作为优化目标，而且包括该配置下的寿命运行中各种设备的维护费用，不同设备使用年限不同造成的设备更换费用，以及采用该配置下由于亏电造成经济损失的惩罚成本。年度平均成本作为风光储互补发电系统的经济优化目标函数客观地反映出系统在选用某种技术规格下系统的经济性水平。

在系统生命周期评估中，考虑了 5 个主要部件：光伏板、风机、蓄电池、风机塔架和其他设备。其他设备是指没有包含在决定变量中的设备，包括控制器、逆变器和整流器（仅风机输出交流电时需要配置）。因此，年度平均成本 ACS 可以表示为：

$$ACS = C_{\mathrm{acap}}(PV + Wind + Bat + Tower) + C_{\mathrm{arep}}(Bat) + C_{\mathrm{amain}}(PV + Wind + Bat + Tower)$$

$$(5-29)$$

5.3.2.1 年度投资费用

各个部件（包括光伏板、风机、蓄电池、风机塔架和其他设备）的年度投资费用考虑了各个部件安装费用（包括光伏板支架和电缆等），可由式（5-30）计算：

$$C_{\mathrm{acap}} = C_{\mathrm{cap}} \cdot CRF(i, Y_{\mathrm{proj}})$$

$$(5-30)$$

式中 C_{cap}——每个部件的初投资；

                   Y_{proj}——部件的使用寿命；

CRF（capital recovery factor）——资本回收系数，它是用来计算各个现金流的现值（present value）的一个参数。

资本回收系数可以由式（5-31）计算：

$$CRF(i, Y_{\mathrm{proj}}) = \frac{i \cdot (1+i)^{Y_{\mathrm{proj}}}}{(1+i)^{Y_{\mathrm{proj}}} - 1}$$

$$(5-31)$$

年实际利率 i、名义利率 i' 和年通货膨胀率 f 之间的相互的关系表示如下：

$$i = \frac{i' - f}{1 + f}$$

$$(5-32)$$

5.3.2.2 年度重置费用

一个系统组件的年度重置费用是指在工程整个生命周期中所有重置费用的总和。在风光互补系统的研究中，整个项目的生命周期中只有蓄电池需要更换，因此年度重置费用可表示为：

$$C_{arep} = C_{rep} \cdot SFF(i, Y_{rep}) \tag{5-33}$$

式中　　　　　　　　　C_{rep}——蓄电池的置换费用；

　　　　　　　　　　　Y_{rep}——蓄电池的使用寿命；

SFF（sinking fund factor）——偿债基金因子，用来计算各种现金流中的将来值（future value）的一个参数，其计算公式如下：

$$SFF(i, Y_{rep}) = \frac{i}{(1+i)^{Y_{rep}} - 1} \tag{5-34}$$

5.3.2.3　年度维修费用

系统的维修费用需要考虑通货膨胀率 f，计算公式为：

$$C_{amain}(n) = C_{amain}(1) \cdot (1+f)^n \tag{5-35}$$

式中　$C_{amain}(n)$——第 n 年的维修费用。

在本书中，初投资、重置费用、每个部件（光伏板、风机、蓄电池、塔架和其他设备）第一年和整个生命周期的维修保养费用如表 5-1 所示。

系统组件的费用和生命周期　　　　　　　　　　　　表 5-1

	初投资	重置费用	第1年维修费	使用寿命(年)	利率 i'(%)	通货膨胀率 f(%)
光伏板	6500 美元/kW	无	65 美元/kW	25		
风机	3500 美元/kW	无	95 美元/kW	25		
蓄电池	1500 美元/kAh	1500 美元/kAh	50 美元/kAh	无	3.75	1.5
塔架	250 美元/m	无	6.5 美元/m	25		
其他	8000 美元	无	80 美元	25		

综上所述，基于经济性原则，最小年度平均成本（ACS）对应的系统配置为保证电力可靠性的最佳配置。

5.3.3　基于遗传算法的优化模型

相比于单一能源发电系统，风光互补发电系统需要考虑更多的变量和参数，因此计算会相对复杂很多。本书对风光储互补发电系统配置优化设计方法是以反映供电可靠性的全年负载缺电率（LPSP）和反映系统经济性的年度平均成本（ACS）作为优化目标。通过遗传算法计算各种可能存在的系统配置和最优化配置。

遗传算法（Genetic Algorithm）又叫基因进化算法或进化算法，是一类借鉴生物界的进化规律（适者生存，优胜劣汰遗传机制）演化而来的随机化搜索方法。遗传算法是模拟达尔文生物进化论的自然选择和遗传学机理的生物进化过程的计算模型，是一种通过模拟自然进化过程搜索最优解的方法。它是由美国的 J. Holland 教授于 1975 年首先提出，其主要特点是直接对结构对象进行操作，不存在求导和函数连续性的限定；具有内在的隐并行性和更好的全局寻优能力；采用概率化的寻优方法，能自动获取和指导优化的搜索空间，自适应地调整搜索方向，不需要确定的规则。遗传算法的这些性质已被人们广泛应用于组合优化、机器学习、信号处理、自适应控制和人工生命等领域。它是现代有关智能计算中的关键技术。

遗传算法是从代表问题中可能潜在的解集的一个种群（population）开始的，而一个种群则由经过基因（gene）编码的一定数目的个体（individual）组成。每个个体实际上是染色体（chromosome）带有特征的实体。染色体作为遗传物质的主要载体，即多个基因的集合，其内部表现（即基因型）是某种基因组合，它决定了个体的形状的外部表现。因此，在一开始需要实现从表现型到基因型的映射即编码工作。由于仿照基因编码的工作很复杂，往往进行简化，如二进制编码，初代种群产生之后，按照适者生存和优胜劣汰的原理，逐代（generation）演化产生出越来越好的近似解，在每一代，根据问题域中个体的适应度（fitness）大小选择（selection）个体，并借助于自然遗传学的遗传算子（genetic operators）进行组合交叉（crossover）和变异（mutation），产生出代表新的解集的种群。这个过程将导致种群像自然进化一样的后生代种群比前代更加适应于环境，末代种群中的最优个体经过解码（decoding），可以作为问题近似最优解。

系统优化的目的是确定最优的系统配置方案。根据用户对供电可靠性要求，设定 LPSP 进行系统配置筛选，筛选出供电可靠性满足要求的系统配置，然后对满足可靠性要求的配置进行经济性优化（进行选择、交叉、变异操作），对比各种满足可靠性要求配置下的年度平均成本 ACS。最终得到既能满足用户的可靠性要求，又具有较好经济性的系统配置。基于 LPSP 和 ACS 的风光储互补发电系统优化配置流程图如图 5-6 所示。

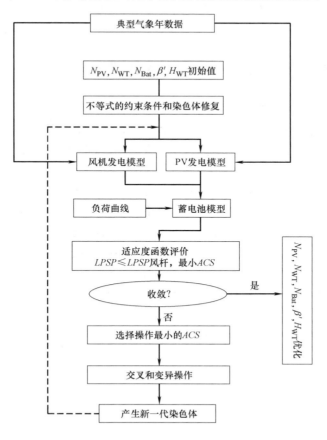

图 5-6　遗传算法优化流程图

在优化过程中，决定变量包括光伏板数量 N_{pv}，风机数量 N_{WT}，蓄电池数量 N_{bat}，光伏板倾斜角 β' 和风机安装高度 H_{WT}。需要在模型中输入的基本数据为每小时水平面上的太阳辐射、周围空气温度、风速和年负荷值。

系统配置的初始假设需基于以下约束条件：

$$\text{Min}(N_{PV}, N_{wind}, N_{bat}) \geqslant 0 \tag{5-36}$$

$$H_{low} \leqslant H_{WT} \leqslant H_{high} \tag{5-37}$$

$$0° \leqslant \beta' \leqslant 90° \tag{5-38}$$

假设初始时有 10 个染色体（第一代染色体），它们随机产生并受不等式（5-36）～式（5-38）的约束。如果其中任何一个染色体不符合该约束条件，它就会被新的随机产生的且满足约束条件的染色体取代。

光伏板的能量输出是根据光伏板的技术参数以及周围环境的温度和太阳辐射条件，用第 5.2.1 节中模型来计算的。风机的发电输出需要考虑风机的安装高度。蓄电池允许达到最大放电深度 DOD，该值是优化开始时由设计人员给出的。利用遗传算法对系统的配置进行优化，找出最小年度平均成本（ACS）下的优化参数。对于每个系统的配置，需要检验系统的 $LPSP$ 是否满足要求。如果有更低 ACS 的配置将进行下一步遗传算法的交叉和变异，以产生下一代，直到达到预先设定的遗传代数或者满足收敛准则。

因此可以看出，从技术上和经济上，将系统年费用（ACS）最低同时满足预设 $LPSP$ 要求的配置定义为最佳配置。

5.4 基于遗传算法的风光互补系统优化设计案例分析

在本节中，将提出的发电模型和优化方法用于一个实际案例中，对系统进行了模拟和优化配置，最后给出了利用可再生能源的优先次序，并分析了系统可靠性和系统配置的关系。此外，根据实地测量的数据，模型和优化方法都进行了实验验证。对比结果显示，模拟结果和实地测量数据相当吻合，但是由于光伏板温度的测量误差、风向和风速的随机性、风机和风速仪的敏感度和迟滞性等原因，会引起些许误差。

此案例位于广东省惠州市一个偏远的大辣甲岛上，针对此岛，通过对其用电负荷情况和资源条件进行分析，提出可靠、合理、实用的离网式风光互补供电系统设计方案，并对其应用特点进行了分析。最后设计了一个 19.8kW 的风光互补发电系统为一个移动通信基站提供电力，这样就能为此岛周围的渔民提供通信信号。

另外，为了研究该项目中风光互补发电系统真实的工作状态和性能，从统计学上分析了从 2005 年 1 月到 2005 年 12 月这一整年记录的实地测量逐时数据，具体表现在三个方面：光伏板和风机的电量输出、蓄电池工作状态、混合系统的能量平衡。研究结果表明，上一节的提出的优化设计方法是可行的。

5.4.1 系统介绍

通信的快速发展要求有更广的网络覆盖，同时也要求提供可靠、稳定电力供应。但我国地域辽阔、地形复杂，电网覆盖远远不能满足通信设备的电力供应要求，即使覆盖的地区很多也是农网或小水电供电方式，电力供应很不稳定，而且线路的维护成本很高。因此，无电地区通信电源普遍采用柴油机供电，然而柴油机的长期运行和维护成本都很高。因此，风光互补系统在这些基站的供电上具有很大优势。

图 5-7　风光发电项目实景

本节所讨论的项目（见图 5-7）是风光互补发电系统的一个具有代表性的应用实例。该项目位于广东南部一个海岛山头上，基站位于一个山峰的峰顶，周围没有遮挡物，垂直气候差异不大，冬季风大、太阳辐射强度小，夏季风小、太阳辐射强度大，风光资源具有互补性。基站供电电源系统采用风光互补模式，只要合理设计和匹配，提供的电能完全可以满足基站的基本用电需求，平时不再需要启动柴油发电机等备用电源。

此通信基站 GSM 的正常运行需要满足 RBS2206（1300W，24V AC）和微波（200W，24V DC）的用电需要。也就是说，混合系统的负载为连续的 1500W（1300W AC 和 200W DC）电力消耗。

在这个项目中，1989 年被选为典型气象年[8]。在优化迭代的过程中，最小的年度平均成本 ACS 变化过程如图 5-8 所示。由图可以看出，经过 150 代计算后，ACS 达到最小值，即系统基本达到最优化解。

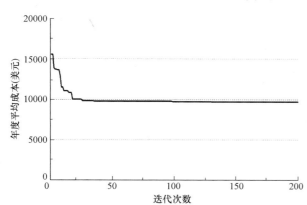

图 5-8　遗产算法中 ACS 的变化曲线

根据优化结果，混合系统的全局优化配置如表 5-2 所示。但由于屋顶面积的限制（见图 5-7），优化模型推荐使用的 114 块光伏板无法布置，仅能布置 78 块。此外，由于当地地形的限制，以及需要防止夏季严重的台风造成损失，风机安装在离地面高度 20m 处，低于优化的结果。为了弥补减少光伏板数目和风机安装高度带来的能源损失，另外增加了一个 6kW 的风机。修正后的配置也可以满足系统供电可靠性的需求，此时 LPSP 的值为 1.98%，但 ACS 稍高于最优化配置的值。

混合发电系统的优化结果和实际采用的配置　　　　　　　　　　　　　　　表 5-2

项目	N_{WT}	N_{PV}	N_{Bat}	$\beta'(°)$	$H_{WT}(m)$	ACS(美元)	$LPSP(\%)$
优化结果	1	114	5	24.0	32.5	9708	1.96
实际配置	2	78	5	24.0	20.0	10456	1.98

风光互补系统的系统配置图如图 5-9 所示。蓄电池、光伏板和风机共同工作来满足负载需求。当太阳能和风能充足时，产生的电能在满足负载后供给到铅酸电池。当电池充满

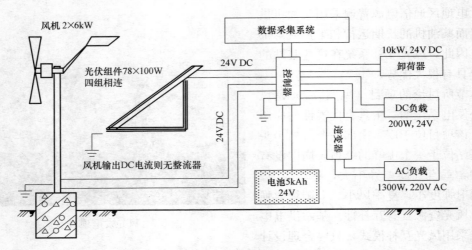

图 5-9　风光互补发电项目系统图和配置

电后,多余的能量会被舍弃掉,同时过光伏阵列将会一组一组地断开以切断太阳能的电量。

所有光伏板切断之后,如果仍有多余的电量产生,说明风机的能量输出高于负载,同时电池也已充满,这时多余的电量将会被卸荷器(10kW,24V)吸收。相反,当可再生能源(太阳能、风能)供电不足时,储存在蓄电池中的能量将释放出来,满足负载的需求,直到电池的电量降到最大的放电深度。

5.4.1.1　光伏系统

光伏模块安装在建筑的屋顶,由 78 块多晶硅光伏模块组成,以最佳设计倾角 24.0°(当地纬度)朝南向,如图 5-10 所示。

在标准测试条件下(AM1.5,太阳辐射 $1000W/m^2$,光伏板温度 25℃),光伏板的技术参数如表 5-3 所示。

图 5-10　78 块光伏板组成的 PV 阵列

光伏板的技术参数　　　　　　　　　　　　　表 5-3

类型	V_{oc}(V)	I_{sc}(A)	V_{max}(V)	I_{max}(A)	P_{max}(W)
多晶硅	21	6.5	17	5.73	100

光伏板是太阳能发电系统基本的能量转化单元,但是单个的光伏板无法提供足够高的电压和电流。因此,必须将光伏板串联或者并联来提高电压和电流,增大光伏板阵列的输出。

在这个项目中,两个模块串联形成一个光伏串。这是因为所需的 DC 电压为 24V,而光伏板在标准测试条件下最大输出电压大约为 17V。同时,10 个光伏串并联形成一个组,一共有 4 组这样的光伏板。由于只安装了 78 个光伏板,最后一个组仅由 9 个光伏串组成。PV 阵列还包含二极管,这样在被遮挡和黑暗的时候可以防止光伏板成为负载,防止光伏板烧坏。PV 内部二极管的连接示意图如图 5-11 所示。

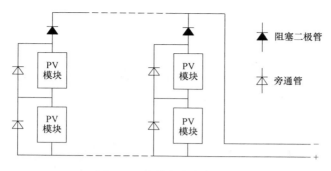

图 5-11　光伏板的内部连接

5.4.1.2　风力发电系统

该项目中运用了两个 6kW 直流永磁风力发电机，轮毂位于离地面高度大约 20m 处。其中一个风机如图 5-12 所示。这种风机能抵御台风，启动风速比较小，在风情况不好的情况下也不会停止产能。风机可以产生 24V 的直流电给电池充电或直接给负载供电。图 5-13 为风机的功率曲线，其中已经包含了由 AC 转换为 DC 的能量转换损失。

图 5-12　风机

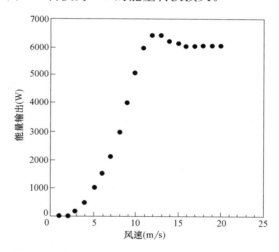

图 5-13　风机功率曲线

表 5-4 给出了风机的详细技术参数，包括接切入风速、切出风速、尺寸和重量。

风机的技术参数　　　　　　　　　　　　　　　　　表 5-4

项　　目	WT-6000 永磁发电机	项　　目	WT-6000 永磁发电机
转轮半径(m)	5.5(3 个叶片)	切出风速(m/s)	无
转轮类型	顺风，自动调节	额定转速(r/min)	200
额定功率(W)	6000	标准输出电压(V)	24DC
额定风速(m/s)	10	风机重量(kg)	360
切入风速(m/s)	2.5		

5.4.1.3　蓄电池

该项目储能系统由 GFM-1000 铅酸蓄电池组成，此类电池是专门为像这样可再生能源系统的需要深度充放电而设计的。该项目中电池的放电深度（Depth Of Discharge, *DOD*）设定为 80%，可以保护电池过度充电和放电[9]。每组电池由 12 个 2V/1000Ah 的电池单元串联组成，输出 24V 的额定电压。这 12 个电池单元被称为串。根据前一节的优化方法，优化后的串数目为 5，如表 5-2 所示。

值得注意的是，优化后电池的总额定容量为 5000Ah（24V）。由于电池的电能容量为负荷所需电量的 3 倍多，所以太阳能和风能不稳定的电力输出可以很容易地被控制。单个电池和电池组分别如图 5-14 和图 5-15 所示。

图 5-14　单个电池

图 5-15　电池组

其中，电池控制策略决定了电池充电、放电的效率、电量的来源以及互补发电系统满足负载的能力。在系统设计和季节变换中，能量产生和负荷曲线如何改变，控制器都应该具有防止电池过度充电和过度放电的能力。一般来说，当能源充足时，电池处于充电状态。电池电压上升到过度充电的保护电压后，光伏板阵列和风机就会一个一个断开，同时卸荷器开启以保证电池电压低于极限值。在放电模式下，当电池电压低于过度放电的保护电压时，控制器可以控制与负载断开，阻止电池再深度的放电，只有当电池电压上升到可以重新连接负载的电压时，才会被重新连接，这样就可以起到保护电池的作用。

5.4.1.4　负载和卸载

中继站正常运行时的电力需求包括 1300W（24VAC）的 RBS2206 和 200W 的微波通信（24DC）。根据项目的要求和技术考虑，负载确定为连续的 1500W 电耗。为了防止电池深度放电和充电，更好地利用能源，应该根据不同形式负载的特点设计不同的控制策略。

移动基站 RBS2206（1300W）是主要的负载，只有当电池电压下降到深度放电保护电压（即 23.4V，$SOC = 0.2$）以下才可以被切断；当电池电压恢复到放电重连电压（24.4V）以上才能被重新连接。第二个负载（微波通信 200W）、其他负载（空调 1500W）以及卸载器的控制电压如表 5-5 所示。

风光发电的负载控制策略

表 5-5

内　　容	主要负载 RBS2206 （1300W）	次要负载 微波 （200W）	其他负载 空调 （1500W）	卸　载　器 空气加热器
断开电压	23.4V	23.7V	25V	27.2V
重连电压	24.4V	24.7V	26.4V	28.4V

对于空调负荷，只有当室内空气温度较高时，空调才打开。空调负荷主要集中在夏季，因此在夏季耗电量会增加，相应的系统负担增加。但幸运的是，在夏季需要开启空调时，能源供给通常很充足，因为此时的太阳能资源非常丰富。空调的开/关操作根据表5-5给出的控制参数，由电池蓄电储能状态控制。空调开启的电压是26.4V，这意味着电池的SOC大约是95%，此时电池组完全充满电。因此从这里来看，空调也可以认为是卸载，因为如果这些电量不被空调消耗，也会被卸载器消耗，所以其实这里的空调基本不会增加负载需求。

5.4.1.5 数据采集系统

数据采集系统用于记录系统运行的数据，比如，光伏板的电压和电流、风机的电压和电流、电池组的充电和放电电压和电流、负载耗能、水平表面的入射太阳能、屋顶高度处的风速、光伏板的温度、环境温度等。这些数据由不同类型的设备和传感器进行测量，如辐射计、风速仪、温度和电流传感器等。

现场测量的瞬时气象和系统运行数据将会用中国移动提供的短讯服务（SMS）传送给接收器（即电脑），然后用收集的数据验证前一节开发的系统模拟和优化模型，最后研究风光互补发电系统的动态运行特性，从中获得应用经验。测量设备主要包括：

1. 辐射计

辐射计（pyranometer）是一种在平面上测量太阳辐射强度的仪器。它是一种传感器从$180°$的范围测量太阳辐射的强度，单位是W/m^2。一个微小的太阳能硅电池放在保护外壳内能产生与太阳辐射成比例的电流（或电压）。保护外壳有精密的光学圆顶，可以作为过滤器，只允许特定太阳光谱通过。

该项目中，辐射计在光伏板的拐角处并与光伏板平行，因此测量的太阳辐射等于光伏板吸收的太阳辐射。每个辐射计有各自的敏感度。用辐射计测量出的电压值可以计算太阳辐射强度：

$$G = \frac{V_{pyranometer}}{C_{sensitivity}} \tag{5-39}$$

式中　G——测量的太阳辐射，W/m^2；

$V_{pyranometer}$——辐射计测量的电压；

$C_{sensitivity}$——辐射计的敏感度，$\mu V/(W \cdot m^2)$。

该项目中辐射计的参数见表5-6。

辐 射 计 的 参 数　　　　　　　　　　　　　表 5-6

项　　目	数　　值	项　　目	数　　值
光谱响应范围(nm)	300~2800	阻抗(Ω)	约为500
操作温度范围(℃)	−20~+60	非线性度	+/−0.2%(100~1000W/m²)
太阳辐射范围(W/m²)	0~1500	光谱敏感度(0.35~1.5μm)	−2.1%
敏感度[μV/(W·m²)]	约为7		

2. 风速仪

风速仪是用来测量风速的仪器。杯状的风速仪应安装在建筑的屋顶上，测量得到的风速值可以通过第5.2节中的1/7能量定量推导出屋顶高度的风速值。旋转叶片的扰动对测量没有影响。

该项目中使用的杯状风速仪（EL15-1/1A）是一个响应快速的风速仪。一个杯轮上有三个轻型的圆锥杯，在整个操作范围内提供很好的线性，可测量的最大风速可以达到75m/s。计算后输出脉冲频率，然后根据表5-7的特性转换函数可以计算出风速。

风速与输出脉冲的转换函数   表 5-7

脉冲频率（Hz）	0	1	4	14	15	35	96	198
风速（m/s）	0	0.3	0.5	1	1.5	2	5	10
脉冲频率（Hz）	300	402	504	606	708	811	1016	1221
风速（m/s）	15	20	25	30	35	40	50	60

5.4.2 现场测量数据对模拟模型的验证

系统记录了从 2004 年开始的风光互补发电系统的逐时数据。在本小节中，记录的气象数据（比如水平面的总太阳辐射、周围空气温度、屋顶高度处的风速）将作为模型的输入参数，然后将模拟得到的数据和实测数据进行比较。

系统模拟的精准性主要根据预测值和现场测量值的吻合程度来评价。本节主要针对 5 个随机的连续日期，将实验数据和模拟结果进行对比，验证模型的准确程度。

为了评价模型模拟的准确性和适应快速变化环境数据的能力，对比使用不同数据时模拟模型和实际运行的结果一般用判定系数（coefficient of determination）R^2 来评价：

$$R^2 = 1 - \frac{\sum (y_i - \hat{y}_i)^2}{\sum (y_i - \overline{y})^2} \tag{5-40}$$

式中 y_i——现场测量数据；

        $\overline{y}$——测量数据的算术平均数；

        $\hat{y}_i$——模型计算值。

R^2 越大，表明计算值和测量值的线性度越高，即表明有更好的模拟性能。

5.4.2.1 光伏发电系统

5 个连续天的水平面太阳辐射和周围空气温度如图 5-16 所示。开始 2 天为阴晴天气，水平面最大的太阳辐射值为 420W/m²；第三天和第四天为多云天气，水平面最大的太阳辐射值仅为 250W/m²；第五天为晴天，中午 12 点时最大太阳辐射为 740W/m²。

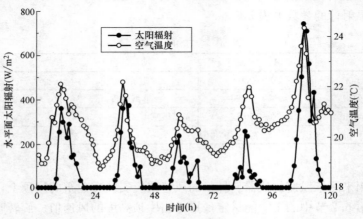

图 5-16 五天的太阳辐射和周围空气温度

周围空气温度变化和太阳辐射基本相一致，在从 18～25℃变化。在夜间空气温度在 18～21℃之间，白天根据辐射水平和天空条件不同在 20～25℃之间。

光伏板阵列的能量输出是由光伏板上接收到的太阳辐射量和周围空气温度共同决定的，可以由第 5.2 节的模型计算。

在连续 5 天中，将现场测量光伏板阵列电量输出数据和模拟计算值进行对比，结果如图 5-17 所示。可以看出，预测的光伏板能量输出值与测量值的趋势吻合得非常好，只有个别突变点存在，特别是在太阳辐射较大的时候。这些不吻合点的误差主要是由光伏板的温度测量不准确性带来的。因为在测试中，为了确保有良好的热接触，通常用导热性的粘胶将热电偶贴在光伏板的背面，而由于周围空气的对流效果和热电偶的惯性，测温值有一定的延迟，特别是在多云的条件下。因此，当云遮住太阳时，造成辐射迅速变化，光伏板的温度在记录完成前经历快速的变化，所以很难捕捉到即时的温度值。另外，在最大功率点跟踪模式下，最大能量输出点不一定在理想环境下，因此模拟得到的发电量可能有偏差。总体而言，判定系数 R^2 大约为 0.90，模型可以很好地预测系统运行的性能。

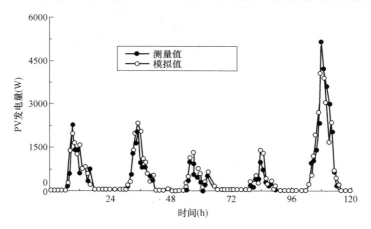

图 5-17　PV 性能的测量值和模拟值比较

5.4.2.2　风力发电系统

5 个连续天的屋顶高度的风速数据如图 5-18 所示。风速的随机性分布由图可以看出，

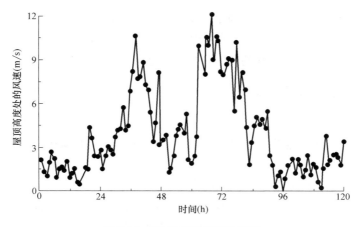

图 5-18　五天屋顶高度的风速

每分钟都在变化，从 0～12m/s，变化比较明显。总体而言，第一天和最后一天的风能比较贫乏，平均风速只有 1.85m/s。其他 3 天的风能资源较好，平均风速为 5.34m/s。在风速数据用于模拟风机能量输出之前，应该用第 5.2 节中提到的能量定律系数，转换为风机高度的数据。

风机的能量输出由选定风机的能量曲线、风机安装的地点风速的分布和塔架的高度决定。五个连续天中，风机输出能量的计算值和现场测量的值对比如图 5-19 所示。

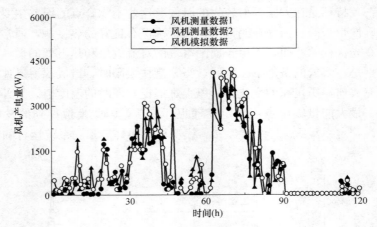

图 5-19　风机性能测量值和计算值对比

由于风机能量输出主要与风力条件有关，风机能量输出曲线和风速的趋势相同。只有当风速高于启动值时，风机才开始运转。总体而言，5 个连续天中，风力发电系统的输出在 0～3618W 范围（一台风机的额定功率为 6000W）。根据对比结果，模拟值与现场测量值接近，判定系数 R^2 大约为 0.92。但同时，有一些值有明显的差异，特别是在峰值时，原因可能在于：风向和风速的随机性，风机的敏感度和迟滞性，还有风速仪的准确度。另外，系统数据获取的准确性也会导致一些误差，尽管这些误差在安装前已经做了修正。

总体上，对比结果表明了风力发电系统模拟模型的可行性、数据采集系统的准确性和运行的正常的性。

5.4.2.3　蓄电池组

数据采集系统同时记录了蓄电池组的电压和电流，根据电压和电流值可以得出充电和放电功率。结果表明，模拟有足够高的准确性，模拟结果和现场测试的结果在充电和放电过程均都有很好的吻合性，得到的判定系数 R^2 为 0.94。

5.4.3　混合系统的综合性能分析

为了研究风光互补发电系统真实的工作状态，从 2005 年 1 月至 2005 年 12 月，将现场逐时测试数据从三个方面进行了统计分析（即光伏板阵列和风机发电量、电池工作状态和混合系统的能量平衡）。

5.4.3.1　光伏板和风机的逐月发电量

对现场测量的数据分析可以得出，太阳能和风能在各个月的能量输出有很大差别。图 5-20 描述了太阳能和风能的月平均发电量，从中可以看出太阳能和风能的季节性互补的特

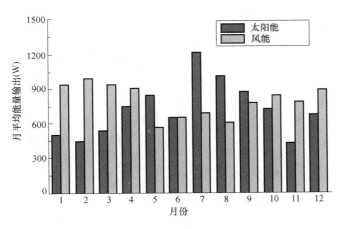

图 5-20　太阳能和风能月能量输出

性。对于风资源来说，在冬季较强的有持续东北季风，而夏季风速相对低，因此，在 1 月风力平均发电为 935W，2 月为 986W；5 月和 8 月风力发电量较小，分别为 561W 和 600W。

太阳能的输出恰好有相反的特点，7 月（1250kWh）和 8 月（1023kWh）有较高的太阳能输出，然而 1 月（472kWh）和 2 月（441kWh）有较小的月平均太阳辐射。由此可以看出，太阳能和风能具有季节互补的特性。

5.4.3.2　蓄电池性能分析

1. 蓄电池状态逐月变化数据分析

图 5-21 为一年中风光互补发电系统的蓄电池组 SOC 月平均变化值。在春季月份，电池的 SOC 都比较小，2 月为 0.57，4 月为 0.61，这是因为春季中频繁地出现多云天气。7 月和 8 月的可再生能源输出较大，因此电池 SOC 的值分别升高了，最高的月份是 8 月份，达到了 0.82。由于系统位于欧亚大陆的东南海岸，陆地的冷却效应使得冬季的风

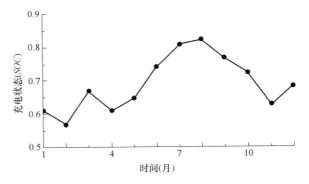

图 5-21　电池 SOC 的月平均变化

速更大，因此风机输出增加，使得 12 月电力储备得以轻微缓和，最终蓄电池 SOC 得到少许恢复。

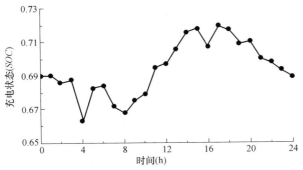

图 5-22　电池 SOC 的逐时平均变化

2. 蓄电池状态逐时变化数据分析

图 5-22 给出了风光互补系统中电池 SOC 的一整天的逐时变化。一个明显的特点为：相比于其他时间段，电池 SOC 的在 13：00 到 0：00 之间更高。电池 SOC 明显的增长从 8：00 开始。随着太阳辐射的增强，电池充电增加，电池 SOC 开始恢复。电池 SOC 的最高值（0.72）大约出现在 17：00，

此时电量供给降低到与负载相当的水平,整个晚间 *SOC* 值一直下降,直到第二天早上 8:00。

从电池 *SOC* 月变化和逐时的变化值可以看出:尽管风机的产电量多于光伏阵列,但电池的 *SOC* 的变化主要取决于光伏板的输出。当太阳辐射强时,较多的能量输送到蓄电池,蓄电池的 *SOC* 得以恢复;在其他时间,能量从蓄电池输出,从而蓄电池的 *SOC* 降低。

3. 电池充电状态的概率分布

图 5-23 统计这一整年电池 *SOC* 数据分布。横坐标表示了电池 *SOC* 值分布,柱的高度表明了 *SOC* 出现的概率。一般来说,可再生能源系统中通常使用铅酸电池,其放电深度比较有限,目前最大值为 80%。如果超过这个值,电池就会过度放电,长时间的过度放电会导致电池永久的损坏。Kattakayan 和 Srinivasan(2004)经过不断试验尝试,认为铅酸电池的 *SOC* 在 0.5 ~ 0.8 时为最理想的工作范围。

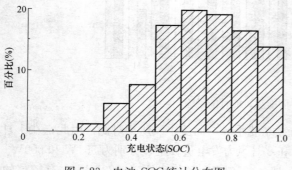

图 5-23 电池 *SOC* 统计分布图

由图 5-23 可以看出,电池的控制方案能很好地操纵电池的运行,并使得电池有良好的工作状态。统计结果显示,*SOC* 保持在 0.5 以上的概率为 86.7%。全年负载缺电率(*LPSP*)控制得很好,小于要求的 2%。所以,电池的使用寿命可以得到保证,同时也表明了系统设计的可行性。

5.4.3.3 系统的能量平衡

大部分储能系统的工作状态都不是理想的,在充放电循环过程中和储能期间都有损失。电池效率是指在放电过程中释放的能量与在充电过程中充入的电量的比值,可以用下式表示[10]:

$$\xi_{bat} = \frac{kW_{out}}{kW_{in}} \times 100\% \tag{5-41}$$

根据风光互补发电系统一年的现场测试数据,整个系统的能量输出、负荷耗电和电池充放电的能量平衡如图 5-24 所示。

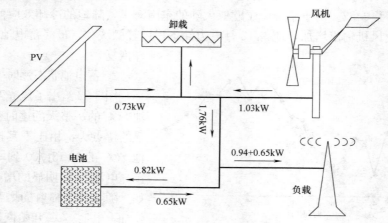

图 5-24 系统的能量平衡

根据图 5-24，整个系统产生的电量为 1.76kW，来自于光伏阵列（0.73kW）和风机（1.03kW）。其中 0.94kW 直接给负载供电，剩下的 0.82kW 被用于给蓄电池充电，但由于充电、放电和蓄能过程有能量损失，最终只有 0.65kW 电量从蓄电池中释放出来。因此，电池整体的效率可以用式（5-41）计算，结果为 79%，这与 Mahmoud 和 Ibrik 得出的结果基本相符[11]。

5.5　小结

本章详细地介绍了太阳能风能互补发电系统的基本结构组成、技术参数、系统配置，提出了系统模拟和优化算法。将提出的发电模型和优化方法用于一个实际案例中，对系统进行了模拟和优化配置，最后给出了选择可再生能源系统的优先次序，以及分析了系统可靠性和系统配置的关系。此外，根据实地测量的数据，模型和优化方法都进行了实验验证。对比结果显示，模拟结果和实地测量数据相当吻合，充分说明了系统模拟和优化的有效性。

本章参考文献

[1]　裴胜利，韩晓东. 风-光互补发电系统［J］. 太阳能，2000，2：21-22.

[2]　贺炜. 风光互补发电系统的应用展望［J］. 上海电力，2008，21（2）：134-138.

[3]　张建. 世界上规模最大的国家风光储输示范工程投产［J］. 施工企业管理，2012，（2）：117-117.

[4]　马涛，杨洪兴，吕琳. Solar photovoltaic system modeling and performance prediction［J］. Renewable and Sustainable Energy Reviews. 2014，36：304-315.

[5]　马涛，杨洪兴，吕琳. Development of a model to simulate the performance characteristics of crystalline silicon photovoltaic modules/strings/arrays［J］. Solar Energy. 2014，100：31-41.

[6]　Paul Gipe. Wind energy comes of age［J］. John Wiley and sons. 1995：536.

[7]　杨洪兴，吕琳，Burnett J. Weather data and probability analysis of hybrid photovoltaic-wind power generation systems in Hong Kong［J］. Renewable Energy，2003，28：1813-1824.

[8]　杨洪兴，吕琳. Study on Typical Meteorological Years and their effect on building energy and renewable energy simulations［J］. ASHRAE Transactions，2004，110（2）：424-431.

[9]　Kattakayam TA，Srinivasan K. Lead acid batteries in solar refrigeration systems［J］. Renewable energy，2004，29（8）：1243-1250.

[10]　Jossen A，Garche J and Sauer DU. Operation conditions of batteries in PV applications［J］. Solar Energy，2004，76（6）：759-769.

[11]　Mahmoud MM and Ibrik IH. Field Experience on Solar Electric Power Systems and Their Potential in Palestine［J］. Renewable and Sustainable Energy Reviews，2003，7（6）：531-543.

第6章 太阳能—风能互补发电中的储能技术

由于太阳能风能资源的波动性、间歇性和不可准确预测性，其电力输出给离网系统的稳定正常运行带来了巨大挑战，迫切需要额外的备用容量来实现动态供需平衡以及提供调频调压辅助服务。储能技术在接纳风电、太阳能发电等间歇性新能源发挥着不可或缺的重要作用。发展储能技术的重要意义包括削峰填谷、调节能源供给、提高电力电网系统效率、减少建设投资、保证电力电网系统安全等方面。因此，储能作为解决独立式可再生能源系统的一个必需的技术而备受关注。本章将详细介绍离网型风光互补发电系统中的储能技术，包括储能技术的作用、分类、技术特点、应用前景和发展。

6.1 储能技术概述

6.1.1 储能系统的作用

如图 6-1 所示，一般来说，储能系统的作用是削峰填谷，在用电低谷时将电存储起来，用电高峰时再将电送出去，达到平衡电力负荷的目的。储能系统主要应用于两个方面，即电力行业和可再生能源行业。

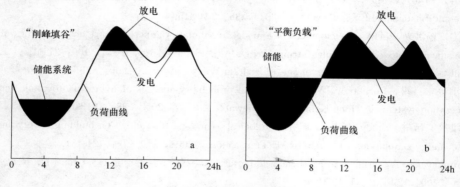

图 6-1 储能系统的作用

储能系统用于电力行业：电力系统采用储能装置可节约系统综合用电成本，在低成本时吸收电能，在高峰时释放，获得峰谷电价差带来的经济利益。

（1）储能用在发电端，可提高发电机的稳定运行能力。当发电机受到扰动时，它可以迅速吸收不平衡的功率流，缓解转子的振荡，使发电机在受到各种扰动时，输出的状态量更加稳定。

（2）储能系统用于输配电时，可灵活配置能源供应，去除高峰需求，提高电力供应质量，提供电压和频率保障，减少线损，提高整个输配电系统的稳定性。

（3）储能系统用于用户端时，可提高电路的质量，减少峰值。

储能设备与新能源配套：随着技术的发展，新能源的发展越来越迅速，所占的比例也越来越大。但在新能源中，风能和太阳能的发电具有间歇性、不稳定性。储能设备可与新能源进行配套，解决电力高峰需求，促进新能源发展。

储能系统可以和风能、太阳能、其他可再生能源相配合，解决电网问题：

（1）在白天发电量比较小的时候，通过储能装置有效地平滑电网波动，更好地解决电网安全问题。

（2）可吸收极端情况下的能源，把低谷的风电储存起来在高峰时期用，降低电网负荷。

（3）减少旋转备用。

目前国内许多风电场由于风电的"劣质"已经出现了大量的"弃风"、"停机"现象，随着风电与光电进一步强势发展，风电与光电并网输送问题非同小可，亟需解决。因此，储能技术对实现风力发电、光伏发电、储能系统以及电网输电的友好互动和智能化调度，对破解我国大规模风电与光伏发电并网运行这一技术难题具有重要意义。

6.1.2 离网型风光互补系统中储能技术的重要性

太阳能光伏发电和风力发电分别受日照强度和风速变化的影响，由于自然资源的变化是不可预测的，所以风光互补系统的电力输出都具有波动性、间断性和不稳定性的特点，这也是阻碍可再生能源系统发展的最大原因。因此，对于独立型的风光互补系统，都需要配备一定容量的储能装置进行电能补偿以保证正常稳定的输出。配置适当容量的储能设备可以平抑自然资源的波动，通过风光储输能量管理系统的统一调度管理，实现对随机性较大的风能与光能的存储与释放，可以使不稳定、不受控的"劣质"能源变成稳定的、可调度的优质能源，增加风光互补系统独立运行的可行性。

另一方面，离网型的风光互补系统一般用在通信基站和远程监控等重要场合，当出现极端恶劣天气和系统故障灯意外情况时，系统可能停止对用户电力供应，如果没有储能设备的支撑，一些重要和敏感的设备将无法正常工作。因此，开展储能研究有着非常重要的现实价值和长远意义。

6.1.3 国内外储能技术的现状与发展

在储能技术领域，国外特别是美国和日本研究起步早，成果多并有丰富的工程实践经验。金融危机后，美国政府已将大规模储能技术定位为振兴经济、实现能源新政的重要支撑性技术。根据《2009 美国复苏与再投资法案》，美国政府在 2009 年上半年已拨款 20 亿美元用于支持包括大规模储能在内的电池技术研发。在美国能源部制定的关于智能电网资助计划中，安排的储能技术项目就达到了 19 个。总的来说，美国在锂离子电池、液流电池、改进铅酸电池、超级电容器储能、飞轮储能等储能技术上优势明显。

20 世纪 90 年代，德国 Piller 公司推出了商用的飞轮产品。澳大利亚 csiro 国家实验室与日本古河电池公司研发的铅酸—超级电容复合电池已在新能源并网发电和智能电网上应用，瑞士 Oerlikon 公司在双极性铅酸电池领域国际领先，并具备批量提供产品的能力。英国 V-Fuel 公司在钒电池领域技术研发实力较强并具备提供钒电池产品的能力，澳大利亚 Redflow 公司也积极开展了锌溴液流电池方面的研发并取得了较好的成果，奥地利 Cellstrom 公司在液流电池领域的研究也走在世界前列。此外，韩国在锂离子电池领域投入巨大，三星 SDI 和 LG 化学具备国际领先的实力。

国内对于储能领域的研究起步较晚，相关技术水平与国外还有差距。目前，我国已经有了很多新能源的储能企业，比如从事汽车行业的比亚迪，锂离子电池的珠海银通，钒电池的普能世纪，超级电容器的集胜星泰等。这些力量的兴起标志着我国储能技术产业更加光明的未来。目前大规模储能技术中只有抽水蓄能技术比较成熟，主要用于电网的调峰、调频、应急保障以及辅助核电站进行功率调节，但受地理环境和建设周期的约束。国内也正在大力发展布置灵活的电池储能技术，包括各类储能电池，如锂离子电池、钠硫电池液流电池以及超级电容器等，但目前蓄电池并不能全面可靠地满足离网型系统和分布式能源系统的运行要求。

6.2　储能技术的分类与特征

储能技术是用于储存能量的技术，在离网型风光互补发电技术中主要是储存电能。当前世界上的储能技术主要有三类：（1）化学储能，主要是用各种电池来储存电能，电池包括铅酸电池、锂系电池、液流电池以及钠硫电池等；（2）物理储能，其中包括抽水蓄能、飞轮储能以及压缩空气储能；（3）电磁储能，包括超级电容器储能以及超导储能。另外，采用储存规模的大小对储能技术分类，主要有动力储能以及规模储能两种。动力储能的规模较小，主要用于充当动力电源的场合。而规模储能的储能能力很大，可以服务于发电站等较大功率的储能场合。

根据储能介质的应用类型，可以分为能量型和功率型两种。能量型储能介质以高能量密度为特点，主要用于需要高能量输出的场合，可持续提供分钟级至小时级的功率输出，在电力系统中主要用于电力调峰、平滑分布式电源、分时管理及热备用等。目前应用的能量型储能介质多为电池类储能，如锂离子电池、铅储能电池、钠硫电池及钒电池等。在离网风光互补发电系统中，应用能量型储能可以在可再生能源发电充足时将多余的电能储存起来，在用电高峰或资源不好时提供电力输出，充分利用可再生能源发电，还可帮助电网应对尖峰负荷。功率型储能介质以高功率密度为特点，主要用于短时高功率输出，一般提供秒级至分钟级的功率输出，作为过渡或短时调节，电力系统中主要用于调频、改善电能质量等。目前应用的功率型储能介质主要有飞轮储能、超级电容器、超导电磁储能等。由于功率型储能介质能够快速释放高功率电能，在离网风光互补系统中可平衡光照变化、风速急剧变化或者负荷的快速变化导致的电网功率波动，提供有功/无功补偿，大大改善电能质量，有助于系统的稳定安全运行。

实际上，除了用于离网型太阳能—风能互补系统中，储能技术早已广泛用于电动设备以及各种电源等多个方面。

6.2.1　化学储能

6.2.1.1　铅酸电池技术

铅酸蓄电池由 G. Plant 于 1859 年发明。1882 年，J. H. Glastone 和 A. Tribe 提出了著名的"双硫酸盐化理论"[1]，根据这一理论，铅酸蓄电池的正负极在放电时都转化为硫酸铅，在充电时又会还原为初始状态。单格铅酸蓄电池的额定电压为 2V，针对其应用范围不同，其容量从几 Ah 到上万 Ah 不等。

现在常用的铅酸电池是阀控铅酸电池（VRLA）。如图 6-2 所示，阀控蓄电池由极板、隔板、防爆帽、外壳等部分组成，采用全密封、贫液式结构和阴极吸附式原理，在电池内部通过实现氧气与氢气的再化合，达到全密封的效果。阀控蓄电池按固定硫酸电解液的方式不同而分为两类，即采用超细玻璃纤维隔板（AGM）来吸附电解液的吸液式电池和采用硅凝胶电解质（GEL）的胶体电池。这两类阀控蓄电池都是利用阴极吸收原理使电池得以密封的。所谓阴极吸收是让电池的负极比正极有多余的容量。当蓄电池充电时，正极会析出氧气，负极会析出氢气，正极析氧是在正极充电量达到 70% 时就开始了，负极析氢则要在充电到 90% 时才开始，析出的氧到达负极，与负极起下述反应：$2Pb + O_2 = 2PbO$；$2PbO + 2H_2SO_4 = 2PbSO_4 + 2H_2O$。通过这两个反应达到阴极吸收的目的。再加上氧在负极上的还原作用及负极本身氢过电位的提高，从而避免了大量析氢反应。AGM 密封铅蓄电池使用纯的硫酸水溶液作电解液，隔膜保持有 10% 的孔隙不被电解液占有，正极生成的氧就是通过这部分孔隙到达负极而被负极吸收的。Gel 胶体密封铅蓄电池内的硅凝胶的电解液是由硅溶胶和硫酸配成的，电池灌注的硅溶胶变成凝胶后，骨架要进一步收缩，使凝胶出现裂缝贯穿于正负极板之间，给正极析出的氧提供了到达负极的通道。两种阀控蓄电池遵循相同的氧循环机理，所不同的仅是为氧达到负极建立通道的方式不同。

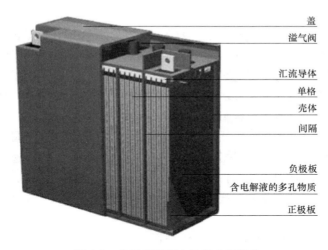

盖
溢气阀
汇流导体
单格
壳体
间隔
负极板
含电解液的多孔物质
正极板

图 6-2　常规铅酸蓄电池的内部结构

商业化的铅酸蓄电池的效率一般在 90% 左右。一般来说，铅酸蓄电池的寿命比较短，具体取决于放电深度。放电深度低的寿命一般较长，总的来说为 2～5 年左右。因此，需要及时检测以及更换，维护费用比较高。响应时间一般为几十毫秒左右。铅酸蓄电池内含有铅的氧化物以及硫酸盐，所以必需回收处理。

6.2.1.2　锂离子电池技术

锂电池技术产生于 20 世纪 50 年代，但由于负极材料的安全隐患问题未能实现商业化。1990 年，日本索尼能源技术公司采用钴酸锂作正极，具有石墨结构的碳材料为负极，制作出的锂离子蓄电池开始商业化。由于锂离子电池具有寿命长、无记忆效应、安全性好等优点，各国政府都投入了大量资金进行研究。现在锂离子电池已经在小型二次电池市场

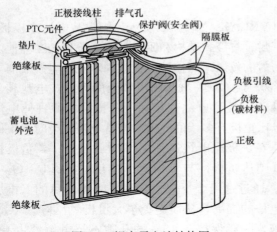

图 6-3　锂离子电池结构图

图中标注：正极接线柱、排气孔、PTC元件、保护阀(安全阀)、垫片、隔膜板、绝缘板、蓄电池外壳、负极引线、负极(碳材料)、正极、绝缘板

中独占鳌头。我国的锂离子电池研究几乎与国际同步，技术却仍有一定的差距。

锂离子电池主要有 4 部分：正极、负极、电解质以及隔膜。目前市场上的锂离子电池正极材料主要有钴酸锂、镍酸锂以及锰酸锂；负极主要是碳材料。其结构如图 6-3 所示。

锂离子电池本质上是一个锂离子浓差电池，工作电压与电极中的化合物中以及化合物中的锂离子浓度有关。正负电极由两种不同的锂离子嵌入化合物构成。充电时，Li^+ 从正极脱嵌经过电解质嵌入负极，此时负极处于富锂态，正极处于贫锂态；放电时则相反，Li^+ 从负极脱嵌，经过电解质嵌入正极，正极处于富锂态，负极处于贫锂态。锂离子电池的工作电压与构成电极的锂离子嵌入化合物本身及锂离子的浓度有关。因此，在充放电循环时，Li^+ 分别在正负极上发生"嵌入—脱嵌"反应，Li^+ 便在正负极之间来回移动。所以，人们又形象地把锂离子电池称为"摇椅电池"或"摇摆电池"。

锂离子电池具有以下几个优点：（1）容量大。为同等镉镍蓄电池的两倍。（2）安全性高。该电池具有短路、过充、过放、冲击（10kg 重物自 1m 高自由落体）、振动、枪击、针刺（穿透）、高温（150℃）不起火、不爆炸等特点。（3）无环境污染。它不含有镉、铅、汞这类有害物质，是一种洁净的"绿色"能源。（4）无记忆效应。可随时反复充、放电使用。（5）重量轻。是镉镍或镍氢电池重量的 60%。

锂离子电池充放电效率可达 95%，是十分有效率的电池。安装锂电池的系统效率可达 90%。同时，锂离子电池充放电次数可以达到 2000 次，而且相应速度快，能达到毫秒级水平。作为一种绿色环保电池，锂离子电池只有高聚物电解液需要回收处理，在电站使用时也基本不产生噪声。但是其主要的缺点是价格昂贵，不适合大型的离网系统。

6.2.1.3　钠硫电池技术

钠硫（NaS）电池技术首先由福特电机公司于 1960 年提出。自 20 世纪 80 年代以来，各国都在钠硫电池的研究上做了很多工作。目前，日本 NGK 公司是世界上唯一的钠硫电池供应商。

钠硫电池进行高温电化学反应。如图 6-4 所示，电池负极是放在安全套管中的熔融金属钠，硫元素则是电池的正极。氧化铝陶瓷薄膜则起到了隔膜以及电解质的双重作用。正常工作温度范围维持在 300～360℃。在高温下，电极物质处于熔融状态，使得钠离子流过氧化铝陶瓷电解液的电阻大为降低，从而提高了电池转换效率。因此陶瓷 β-铝电解液是钠硫电池中的关键性技术，需要具备很高的钠离子传导能力、很高的稳定性以及优异的机械强度的特点。

钠硫电池系统的平均寿命约为 10～15 年。电池在寿命结束时需要更换，只有管理系统可以重复使用。一般的系统效率是 75%～85%。响应时间为 3～5ms 左右。95% 以上的

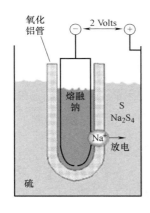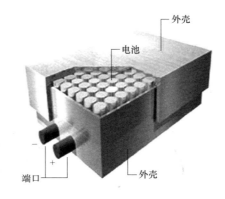

图 6-4　钠硫电池结构图

材料可以回收再利用，比较环保，但是 Na 需要作为危险品处理。

6.2.1.4　全钒液流电池技术

液流电池技术的概念由美国国家航空与宇宙航行局（NASA）在 1970 年提出，1984 年由澳大利亚新南威尔士大学开发了全钒液流电池技术。而现在只有我国的普能公司具有大型示范项目的经验。

全钒液流电池采用液体溶液电极电对，正极电对为 VO^{2+}/VO_2^{+}，负电极对是 V^{3+}/V^{2+}，电解液为酸性，正负极电解液之间用隔膜隔开，隔膜只允许氢离子通过。全钒液流电池结构如图 6-5 所示。

钒电池电能以化学能的方式存储在不同价态钒离子的硫酸电解液中，通过外接泵把电解液压入电池堆体内，在机械动力作用下，使其在不同的储液罐和半电池的闭合回路中循环流动，采用质子交换膜作为电池组的隔膜，电解质溶液平行流过电极表面并发生电化学反应，通过双电极板收集和传导电流，从而使得储存在溶液中

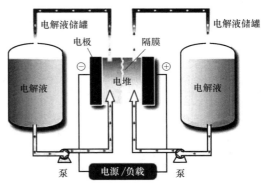

图 6-5　全钒液流电池结构图

的化学能转换成电能。这个可逆的反应过程使钒电池顺利完成充电、放电和再充电。正极电解液由 V（Ⅴ）和 V（Ⅳ）离子溶液组成，负极电解液由 V（Ⅲ）和 V（Ⅱ）离子溶液组成，电池充电后，正极物质为 V（Ⅴ）离子溶液，负极为 V（Ⅱ）离子溶液，电池放电后，正、负极分别为 V（Ⅳ）和 V（Ⅲ）离子溶液，电池内部通过 H^{+} 导电。V（Ⅴ）和 V（Ⅳ）离子在酸性溶液中分别以 VO_2^{+} 离子和 VO^{+} 离子形式存在。

全钒液流电池系统往返效率，包括充、放电的变压损失、电池内损等，约为 70%。本体设计寿命约为 20 年，其余的附属配件的寿命都在 20 年以上。理论上的响应时间为微秒级，但由于电子器件的影响，一般来说是毫秒级。全钒液流电池技术为绿色储能技术，电池本体、电子器件以及储罐都可以回收再利用。电解液因为有硫酸需要回收保存。

6.2.2 物理储能

6.2.2.1 抽水蓄能技术

对于物理储能技术，首先介绍的是抽水蓄能技术，抽水蓄能电站在电力系统中与一般发电站的工作特性不同。抽水蓄能技术不能利用一次能源直接发电，它是利用多余的电能通过水泵抽水从而达到将多余电能转化为上水库的势能的目的，在负载需要时，再通过水轮发电机组将上水库水的势能转化为电能。

抽水蓄能电站（见图 6-6）是当前唯一能大规模解决电力系统峰谷困难的途径。它一般需要高低两个水库，与此同时安装能双向运转的电动水泵机组即水轮发电机组。当电力系统处于谷值负荷时让电动机带动水泵把低水库的水通过管道抽到高水库以消耗一部分电能。当峰值负荷来临时，高水库的水通过管道使水泵和电动机逆向运转而变成水轮机和发电机发出电能供给用，由此起到削峰填谷的作用。这种方案的优点是技术上成熟可靠，其容量可以做得很大，仅受到水库库容的限制。缺点首先是建造受到地理条件的限制，需要寻找具有合适的高低水库的储能电站厂址。

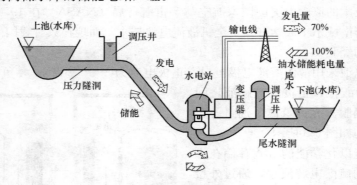

图 6-6　抽水蓄能电站示意图

抽水蓄能机组有四机式、三机式和二机式 3 种形式。当今最流行的是二机式，又称可逆式机组。可逆式机组投资省、控制方便，即发电机与电动机合一构成两用电机；水轮机和水泵合一构成水泵—水轮机。二机同轴，正转时为水轮发电机组，逆转时为电动机水泵组。当电力系统处于用电低谷时（多在夜间），利用可逆式抽水蓄能机组作为水泵运行方式，起到消费电力的填谷作用，当电力系统处于高峰负载时期（多在日间），可将机组作为发电方式运行，起到了调峰的作用。

本书作者近年来对离网型风光互补系统和小型抽水蓄能电站的结合进行了探索，研究[2][3][4][5]表明，基于离网可再生能源系统的抽水蓄能电站具有很好的运行效果，可以有效地取代价格昂贵和有环境污染的蓄电池，能在低负荷的时候很好地吸收多余功率，负荷高峰的时候释放能量，这样调整了风光互补发电系统输出与负荷之间的平衡。模拟结果表明，抽水蓄能同风电、光伏发电的联合运行是开发利用可再生能源系统的有效途径，不但提高了可再生能源系统发电的效益，同时实现了平滑风电场和光伏电站的功率输出，具有可观的经济效益和社会效益。这种复合系统已经在国内外得到了应用，比如希腊、加拿大和我国新疆的阿里地区。同时值得进一步研究和探索，将是未来一种极具有潜力的离网发电模式。

6.2.2.2 飞轮储能技术

宏观上说，飞轮储能技术实现了电能与机械能之间的转化。在飞轮中，转子处于中心位置，用于储存动能，储量则是由轮子的转动惯量以及设计转速所决定。转子既可以是垂直的，也可以是水平的，这取决于系统的实际工作环境。根据转速，又有低速转子以及高速转子。低速转子受限于边缘线的速度，重量较大，但成本低。高速转子则是由重量轻、高强度的先进材料制成，可以耐受很高的边缘线速度。

如图 6-7 所示，通过电动/发电互逆式双向电机，电能与高速运转飞轮的机械动能之间的相互转换与储存，并通过调频、整流、恒压与不同类型的负载接口。在储能时，电能通过电力转换器变换后驱动电机运行，电机带动飞轮加速转动，飞轮以动能的形式把能量储存起来，完成电能到机械能转换的储存能量过程，能量储存在高速旋转的飞轮体中；之后，电机维持一个恒定的转速，直到接收到一个能量释放的控制信号；释能时，高速旋转的飞轮拖动电机发电，经电力转换器输出适用于负载的电流与电压，完成机械能到电能转换的释放能量过程。整个飞轮储能系统实现了电能的输入、储存和输出过程。

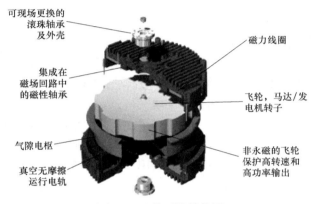

图 6-7 飞轮系统结构图

系统总效率约为 70%~80%。当采用新型技术处理轴承后，可使用超过 100000 次循环。所需时间比其他储能技术要长，约为 2~5min。最大的影响在于使用过程中会产生较大的噪声，若采用真空技术或者磁悬浮技术，则产生的噪声很小。香港理工大学杨洪兴教授领导可再生能源研究小组研发了一套飞轮储能技术，发现飞轮储能技术在垂直轴风力发电系统中有很大的应用潜力[6]，并开发了一套样机安装在香港岛南端进行测试，如图 6-8 所示。

图 6-8 香港理工大学开发的与飞轮技术结合的垂直轴风力发电机

6.2.2.3 压缩空气储能技术

压缩空气储能是另一种可以实现大容量和长时间电能存储的电力储能系统，是指将低谷、风电、太阳能等不易储藏的电力用于压缩空气，将压缩后的高压空气密封在储气设施中，在需要时释放压缩空气推动透平发电的储能方式。

压缩空气储能是基于燃气轮机技术发展起来的一种能量存储系统，工作原理非常类

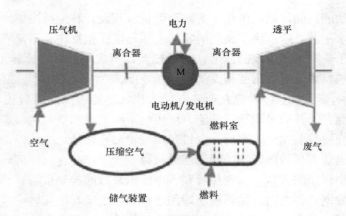

图 6-9　压缩空气储能技术简图

似。如图 6-9 所示，燃气轮机装置由压气机、燃烧器（或叫燃烧室）和透平 3 个主要部分组成。燃气轮机的工作原理为：叶轮式压气机从外部吸收空气，压缩后送入燃烧器，同时燃料（气体或液体燃料）也喷入燃烧室与高温压缩空气混合，在定压下进行燃烧。生成的高温高压烟气进入透平膨胀做功，推动动力叶片高速旋转，同时驱动压气机旋转增压空气，燃气轮机装置中约 2/3 的功率用于驱动压气机。

压缩空气储能一般包括 5 个主要部件：压气机、燃烧室及换热器、透平、储气装置（地下或地上洞穴或压力容器）、电动机/发电机。其工作原理与燃气轮机稍有不同的是：压气机和透平不同时工作，电动机与发电机共用一机。在储能时，压缩空气储能中的电动机耗用电能，驱动压气机压缩空气并存于储气装置中；放气发电过程中，高压空气从储气装置释放，进入燃气轮机燃烧室同燃料一起燃烧后，驱动透平带动发电机输出电能。由于压缩空气来自储气装置，透平不必消耗功率带动压气机，透平的出力几乎全用于发电。

根据压缩空气储能的绝热方式，可以分为两种：非绝热压缩空气储能、带绝热压缩空气储能。同时，根据压缩空气储能的热源不同，非绝热压缩空气储能可以分为无热源的非绝热压缩空气储能、燃烧燃料的非绝热压缩空气储能，带绝热压缩空气储能可以分为外来热源的带绝热压缩空气储能、压缩热源的带绝热压缩空气储能。

压缩空气储能系统的效率一般在 75％左右。寿命与普通燃气机相同，约为 30 年。响应比较快，一般在几秒内即可达到最大输出功率。比较环保，减少了氮氧化物的排放。

6.2.3　电磁储能

6.2.3.1　超导储能技术

超导储能系统（Superconducting Magnetic Energy Storage，SMES）主要由超导线圈、低温冷却系统、磁体保护系统、变流器、变压器、控制系统等部件组成，其中，超导储能系统的核心部件是超导线圈，它也是超导储能装置中的储能元件。超导线圈可分为螺管形和环形两种，一般小型及数十 MWh 的中型 SMES 比较适合采用漏磁场小的环形线圈，因为环形线圈周围杂散磁场较小，但结构较为复杂。螺管形线圈漏磁场较大，但其结构简单，适用于大型 SMES 或需要现场绕制的 SMES。

低温系统用于维持超导磁体处于超导态所必需的低温环境，其冷却效果（如热稳定性）将直接影响超导磁体的性能。同时，低温系统的成本和可靠性在 SMES 中也具有重要地位。直接冷却也是超导磁体的一种冷却方式，此方式不需要低温液体，靠制冷机与超导磁体的固体接触实现热传导。随着低温技术的进步，采用大功率制冷机直接冷却超导磁体将成为一种可行的方案，但按目前的技术水平，还难以实现大型超导磁体的冷却。

功率调节系统控制超导磁体和电网之间的能量转换，是储能元件与系统之间进行功率交换的桥梁。目前，功率调节系统一般采用基于全控型开关器件的 PWM（脉冲宽度调节）变流器，它能够在四象限快速、独立地控制有功和无功功率，具有谐波含量低、动态响应速度快等特点。根据电路拓扑结构，功率调节系统所用的变流器可分为电流源型和电压源型两种基本结构。电流源型的直流侧可以与超导磁体直接连接，而电压源型用于 SMES 时在其直流侧必须通过斩波器与超导磁体相连。

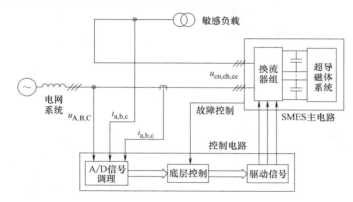

图 6-10　超导储能系统的线路图

总的来说，超导储能的优点主要有：（1）储能装置结构简单，没有旋转机械部件和动密封问题，因此设备寿命较长；（2）储能密度高，可达到 108J/m³，可做成较大功率的系统；（3）超导储能系统可长期无损耗地储存能量，其转换效率超过 90％；（4）规模大小和系统运作皆可控；（5）超导储能系统可通过采用电力电子器件的变流技术实现与电网的连接，响应速度快（毫秒级）；（6）超导储能系统在建造时不受地点限制，维护简单、污染小。

超导储能技术的成熟度主要取决于超导材料技术的成熟度。现阶段技术较为成熟、已实现应用的是低温超导材料、Bi 系第 1 代高温超导材料，第 2 代高温超导材料的技术总体上还不是很成熟，关键技术和制造成本方面还有待于进一步突破。与此相对应，在超导储能方面，目前较为成熟的产品还是使用低温超导材料和 Bi 系第 1 代高温超导材料的超导储能系统，使用第 2 代高温超导材料的超导储能系统的也有，但应用不多。根据美国"加速涂层导体发展计划（ACCI）"，美国超导公司计划将高温超导带材的价格降低到10～25 美元/（kA·m），如果这个目标能够实现，届时高温超导储能技术的各种应用将完全具备实用化推广的可能。

SMES 系统效率在 90％以上，寿命较长，约为 10～20 年；响应时间为 1～100ms；环保技术，无污染。

6.2.3.2　超级电容储能技术

电容可分为静态电容、电解电容以及电化学电容。其中电化学电容又被称为超级电容，超级电容器结构上的具体细节依赖于对超级电容器的应用和使用。所有超级电容器的共性是：都包含一个正极，一个负极，及这两个电极之间的隔膜，电解液填补由这两个电极和隔膜分离出来的两个孔隙。超级电容器的结构如图 6-11 所示，由高比表面积的多孔电极材料、集流体、多孔性电池隔膜及电解液组成。电极材料与集流体之间要紧密相连，以减小接触电阻；隔膜应满足具有尽可能高的离子电导和尽可能低的电子电导的条件，一般为纤维结构的电子绝缘材料，如聚丙烯膜。电解液的类型根据电极材料的性质进行选择。

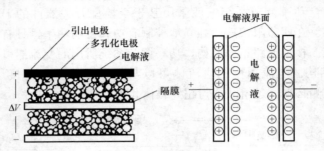

图 6-11　超级电容结构图

1957 年，第一只取得专利的超级电容器在美国诞生。1985 年，百法拉第级容量的超级电容器被日本 NEC 公司推出，并迅速使其实现产业化。时过 6 年，NEC 公司成功研制出容量为 1000F、电压为 5.5V、储能为 6kJ 的活性炭双层电容器。此后，因其显著优势，世界各国都竞相对超级电容器展开了开发与研究，使得超级电容器技术得到迅速发展，历经数十年发展，超级电容器已形成最大放电电流 400～2000A、工作电压 12～400V、电容量 0.5～5000F 的一系列产品，其最大储能量可达 30MJ。Mell 公司生产的 CAP2600-E270 系列超级电容器，其功率密度达 5.72kW/kg，能量密度达 17.2Wh/kg。在国内，由成都电子科大自主研制的基于聚苯胺-碳纳米管复合物新型超级电容器，不仅功率特性良好，而且其能量密度可达 6.97Wh/kg。可以说，超级电容器的产业化以及能量密度的不断提高，为其在大容量电力储能中的应用创造了坚实的物质条件和技术基础。

由于储能机理的不同，人们将超级电容器分为：（1）基于高比表面积电极材料与溶液间界面双电层原理的双电层电容器；（2）基于电化学欠电位沉积或氧化还原法拉第过程的赝电容器。一般来说，双电层电容器的应用比较广泛。

对于双电层电容器，一对浸在电解质溶液中的固体电极在外加电场的作用下，在电极表面与电解质接触的界面电荷会重新分布、排列。作为补偿，带正电的正电极吸引电解液中的负离子，负极吸引电解液中的正离子，从而在电极表面形成紧密的双电层，由此产生的电容称为双电层电容。双电层是由相距为原子尺寸的微小距离的两个相反电荷层构成，这两个相对的电荷层就像平板电容器的两个平板一样。Helmholtz 首次提出此模型。能量是以电荷的形式存储在电极材料的界面。充电时，电子通过外加电源从正极流向负极，同时，正负离子从溶液体相中分离并分别移动到电极表面，形成双电层；充电结束后，电极上的正负电荷与溶液中的相反电荷离子相吸引而使双电层稳定，在正负极间产生相对稳定的电位差。在放电时，电子通过负载从负极流到正极，在外电路中产生电流，正负离子从电极表面被释放进入溶液体相呈电中性。

超级电容器作为一种新型能源器件，它是根据电化学双电层理论研制而成。蓄电池和超级电容器的充放电过程截然不同，前者为一个化学反应过程，后者从始至终都是物理过程。超级电容器具有以下特点：

（1）极快的充电速度。响应时间为 5ms 左右，在 10s～10min 内，即可充电至 95％以上额定容量。

（2）循环使用寿命长。超级电容器没有记忆效果，拥有 10～100 万次的深度充、放电循环使用次数。

（3）能量转换效率高。大电流放电能力很强，过程损失小，大电流能量循环效率高。超级电容器系统的效率主要由工作占空因数决定，占空因数低时可达 95％以上，占空因数高时也可达到 90％。

（4）功率密度高。为电池的 5～10 倍，每千克可达 300～500W。

（5）绿色环保。产品的原材料以及产品的各个使用过程中均不会造成任何污染。

（6）安全可靠。充放电结构简单，长期使用也无需维护。

（7）使用温度范围广。一般电池可在－20～50℃范围内使用，超级电容器则为－40～70℃。

6.2.4 主要储能技术的比较

本小节对以上描述的一些主要储能技术详细地进行了总结，包括它们的技术特征、优缺点以及应用领域（见表 6-1）。可以总结出，抽水蓄能系统虽然系统效率高、寿命长，但是建造水库受到地理环境和生态环境的限制，不是所有的地区都适合建造抽水蓄能电站。飞轮储能系统虽然也具有效率高、寿命长和对环境无污染等优点，但其自身的原理特性决定了飞轮储能系统只适用于小容量、充放电频率高的环境中，而且飞轮储能系统的自放电率高，使得电能的损耗量很大。超导储能系统是新兴的储能技术，优点很多，如储能密度高、容量大、寿命长和无污染等，但同时它对运行环境的要求也比较高，这使得系统的结构十分复杂，作为新兴储能技术目前还只停留在研究阶段，投入实际应用还需要很长的时间。而对于电池储能系统，其优点是使用灵活、占用空间较小，但其缺点是循环寿命短（一般 2～5 年需要更换）、功率密度低、成本高、对环境温度要求高、维护量大、对环境有污染、会有爆炸的危险等。而在诸多储能电池中，铅酸电池在离网型可再生能源系统中使用最为广泛；锂离子电池应用也很广泛，但是因价格昂贵只适用于小型供电场合和移动的电子设备；而对其他电池的研究只处于初级阶段，距离实际应用还有一段距离或者应用很少。

一些主要储能技术的应用范围、效率、优缺点等　　　　表 6-1

储能类型		功率区间	反应时间	效率（％）	寿命(a)	优点	缺点	应用领域
物理储能	抽水蓄能	1～2000MW	4～10h	70～85	50	大容量,寿命长,运行费用低	选址受限,建设周期长	调峰填谷、调频调相、事故备用黑启动
	压缩空气储能	10～300MW	6～20h	75	30	容量功率范围灵活,寿命长	选址受限,化石燃料	调峰填谷、UPS黑启动,分布式电网微网
	飞轮储能	5kW～5MW	15s～15min	70～80	20	高效,快速响应,寿命较长	自放电率高,用于短期储能	调峰调频,桥接电力,电能质量保证,UPS

	储能类型	功率区间	反应时间	效率(%)	寿命(a)	优点	缺点	应用领域
电磁储能	超导储能	10kW~50MW	5ms~15min	80~95	10~20	寿命长,效率高,充放电速度快	能量密度较低,成本高	大功率负载平衡,电能质量,脉冲功率
	超级电容器储能	10kW~1MW	5ms	90	10	高效,响应速度快,功率密度大	成本高,自放电率较高	动态稳定、功率补偿、电压支撑、调频
化学储能	铅酸电池	1kW~50MW	10~50ms	90~95	8	成本低廉,安全,稳定性较好	回收处理,循环次数较少	备用电源,UPS电能质量,调频等
	锂电池	1kW~10MW	1~20ms	90~98	与充放电次数有关	能量密度高,高效率,无污染	成本比较高	备用电源,UPS等中小容量应用场合
	钠硫电池	100kW~100MW	3~5ms	75~85	10~15	结构紧凑,容量大,效率高	运行维护费用高	平滑负荷,稳定功率等中小容量应用
	液流电池	5kW~100MW	1~20ms	70	20	充放电次数多,容量大,寿命长	能量密度较低	调峰调频,可靠性,能量调节等

为了更好地比较各种储能技术,下面从储存容量、循环寿命、效率、能量密度和成本等各方面进行了总结[7]。

(1) 存储容量

存储容量是指储能设备在一次充放电中可存储或释放的电能。这个指标是衡量各种储能技术可应用领域的重要标准。具体来说,存储容量的主要衡量指标是充放电功率和充放电时间(见图6-12)。从存储容量看,抽水蓄能、压缩空气等储能技术在充放电功率和充放电时间上优势明显,适合大规模储能的需要。超级电容器、镍镉电池、飞轮等储能技术的存储容量有限,不适合大规模储能应用,但可用于改善电能质量。

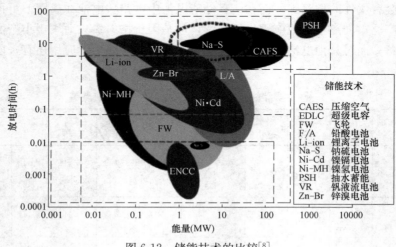

图6-12 储能技术的比较[8]

(2) 循环寿命以及储能效率

储能效率和循环寿命(可充放电次数)是选择储能技术的两项重要参数,会直接影响总的储能成本。低效率会增加有效输出能源的成本，因为仅一部分储存的能力能被利用；低的循环寿命会增加总成本，因为储能设备需要更好频繁地更新。从循环寿命和储能效率看，抽水蓄能、超级电容器储能和飞轮储能具有较好的循环寿命的循环和储能效率。铅酸电池、镍镉电池的循环寿命和储能效率较低。

（3）能量密度

在具体应用中，储能设备体积和质量也是需要考虑的因素。体积能量密度（单位体积的存储能量）影响占地面积和空间；重量能量密度（单位重量的存储能量）反映了对设备载体的要求。在对土地资源要求不高的应用场合（如风电场），能量密度就并不重要。但在城市商业设施以及电动车等设施中，能量密度是十分重要的参考因素。从能量密度看，锂离子电池以及钠硫电池能量密度高，镍镉电池、铅酸电池较低，超级电容器和飞轮储能最低。

（4）成本比较

各储能技术的成本包括投资成本和运行成本，并与设备的存储规模、循环寿命和储能效率等参数有关，最终通过单位发电量的成本进行衡量比较。铅酸电池的投资成本相对较低，但寿命太短而且维护费用较高，因此成本相对较高。从储能技术成本来看，目前抽水蓄能、压缩空气储能成本最低，经济性最好；铅酸电池、镍镉电池的成本较高，经济性最差。

6.3 混合储能系统

混合储能技术（Hybrid Energy Storage System，HESS）是指系统中采用了两种或两种以上的储能技术。由于各种储能技术都有其优缺点，因此采用多种储能技术可以充分发挥各技术的优点，从而最大程度利用风光互补发电系统所产生的富裕能量。在国内储能技术没有突破性进展的时期，将不同的储能介质结合起来应用，利用其优势弥补其不足，将是未来一段时间内的应用方向。对于分布式电源储能系统，把具有快速响应特性的功率型储能介质和具有大容量储能特性的能量型储能介质相结合，这种混合储能系统通过对不同储能介质的协调配合，将有效提高储能系统的功率输出能力、优化系统结构、降低设备冗余度、延长储能系统的循环寿命。

离网系统的快速发展对储能技术提出了更高的要求。就目前的储能技术发展水平来看，单一的储能技术很难同时满足能量密度、功率密度、储能效率、使用寿命、环境特性以及成本等性能指标，如果将两种或以上互补性强的储能技术相结合，组成复合储能，采用容量小、寿命长的储能环节辅助容量大、循环次数受限的储能环节，对微电网功率波动按时间特性进行分类补偿，以取得大幅度优于单一储能环节的系统性能和经济性。

混合储能技术有许多种类，一般来说，任意两种储能技术都可以组合成一种混合储能技术系统。但是实际应用中比较常见的有：超级电容器与蓄电池组成的混合储能系统；压缩空气超级电容混合储能系统；超导与蓄电池组成的混合储能系统等。但目前复合储能技术应用最广泛的是蓄电池与超级电容器复合使用。

虽然混合储能系统结合了多种储能系统的优势，但是系统的复杂性以及投资成本会增加。因此，在实际应用中需要使用者根据具体情况合理选用。

6.3.1 蓄电池和超级电容混合储能

一般的离网型风光互补系统，尤其是中小功率系统，一般配备可充电的蓄电池组作为储能装置。蓄电池因其低价格、大容量、结构紧凑、自放电率低、不存在"记忆效应"和基本免维护等显著优势，得到了广泛应用。尽管如此，但蓄电池存在一些难以克服的缺点，如循环寿命短、功率密度低、维护量大等。目前，蓄电池约占系统造价的 20％～25％，由于可再生能源发电系统工作条件的特殊性，导致蓄电池过早失效或容量损失，进一步加大了整个系统的成本。蓄电池的这些缺陷，尤其是功率密度低下和循环寿命过短，使得单独采用蓄电池作为储能系统难以达到使离网系统稳定的目的。

为了弥补上述不足，使蓄电池的工作过程得以改善，使用寿命得以延长，不少学者对此做了大量研究，并提出了一些方法，如：进行过充、过放保护；改进充放电方法；根据温度、端电压、充放电电流等条件判断蓄电池的荷电状态等。此外，结合可再生能源发电系统的特性，对蓄电池的结构进行改进，如：加大蓄电池极板厚度、优化蓄电池板栅合金等。以上措施均能有效延长蓄电池的使用寿命，却无法从根源上解决问题。直到超级电容器的出现，及其在储能场合的应用快速发展，才给离网型风光互补发电系统的储能带来新的发展契机。超级电容器具有诸多优点，如功率密度高、循环寿命长、充放电效率高和无需维护等，正受到越来越多的关注。

从蓄电池和超级电容器的技术特性来看，两者在性能上有很强的互补性。蓄电池能量密度大，但功率密度小，充放电效率低，循环寿命短，对频繁充放电和大功率充放电的适应性不强；而超级电容器则恰恰相反，其功率密度大，充放电效率高，循环寿命长，反复充放电达数十万次，非常适合反复充放电和大功率充放电的场合，但能量密度比蓄电池低，不宜应用于大规模的电力储能。如果将蓄电池与超级电容器复合使用，必定会大幅提高储能装置的性能。

研究发现，采用超级电容器与蓄电池并联的方式，储能系统的功率输出能力将大大提高，可满足脉动负载对峰值功率的要求，储能装置的内部损耗也能大幅度降低，同时储能系统的放电时间也有效增加。这样，不仅可以使蓄电池的充、放电循环次数大大减少，使用寿命有效延长；还可以大幅度降低整个储能装置的体积，并且全面提高供电系统的可靠性、稳定性和经济性。

作为静止的储能器件，超级电容器和蓄电池混合使用，在实际应用中非常容易实现。根据负载的用电需求或光伏发电系统的实际情况，混合储能系统可采用不同并联方式。一般有以下三种连接方式：直接并联、通过电感并联、通过 DC/DC 功率变换器并联。这三种方式中，以采用功率变换器并联效果最佳，因功率变换器具有变流作用，可以使储能系统性能得到极大的提高。此种并联方式下，只要采取适当的控制系统保证蓄电池的充放电电流限定在安全设定值，就可以使储能系统的峰值输入、输出能力大幅度提高，从而使蓄电池的安装容量有效减少。此外，储能系统采用功率变换器并联后，蓄电池的充放电次数大大减少、放电深度有效降低，蓄电池的充放电过程得到优化，从而使得蓄电池的使用寿命大为延长。

综上所述，超级电容器蓄电池组成的混合储能在风光互补发电系统中具有很好的应用前景，技术、经济优势均十分明显，可以作为一个行之有效的方法，用以解决当下电力储能中存在的难题。

6.3.2 混合储能典型案例研究

文献［9］探索了超级电容器蓄电池组成的混合储能在风光互补发电系统的应用。建立了混合储能系统的模型和控制环节，并进行实验研究。结果表明，混合储能系统能充分利用蓄电池能量密度大和超级电容器功率密度大、循环寿命长的优点，大大提升了储能系统的性能。在发电功率和负载功率脉动时，蓄电池能够工作在优化的充放电状态，有效减少了充放电循环次数，延长了使用寿命，提高了系统的工作效率。该系统对解决新能源发电系统中的储能问题具有十分重要的意义。

此案例选取的是通过功率变换器将超级电容器和蓄电池并联的方式，因为在这种有源式的储能结构中，系统配置和控制设计上有较大的灵活性，能有效提升储能系统的性能。

6.3.2.1 系统模型分析

为简化分析，可将蓄电池简化为理想电压源，超级电容器简化为理想电容器与其等效内阻串联结构。因主要研究系统动态性能，所以对其并联的等效内阻可不予考虑。

超级电容器与蓄电池通过 Buck-Boost 型双向功率变换器并联，输入电压 U_{in} 通过 Buck 电路给储能系统供电，图 6-13 示出了系统等效模型。

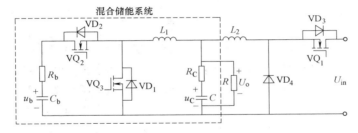

图 6-13 系统等效模型

超级电容器与蓄电池通过 Buck-Boost 型功率变换器并联，以电感电流 i_L，u_C 为状态变量，负载为输出变量，设功率开关管占空比为 D，则在开关管导通时有：

$$L\frac{di_L}{dt}=Du_C-DR_Ci_L, \quad C_b\frac{du_C}{dt}=i_L \tag{6-1}$$

在开关管关断的时间有：

$$L\frac{di_L}{dt}=-D_o, C_b\frac{du_b}{dt}=i_L-\frac{U_o}{R} \tag{6-2}$$

可得：

$$L\frac{di_L}{dt}=Du_C-DR_Ci_L, C_b\frac{du_b}{dt}=i_L-\frac{U_o}{R} \tag{6-3}$$

应用状态平均法，对基本变量施加扰动，可得到输出小信号传递函数，为：

$$\frac{\hat{U}_C(s)}{\hat{d}_C(s)}\Big|_{\hat{u}_C(s)}=\frac{RD^2-(s+R_C/2)L}{LCRDs^2+D(RR_CC+L)s+R_CD+RD^3} \tag{6-4}$$

$$\frac{\hat{I}_L(s)}{\hat{d}_C(s)}\Big|_{\hat{u}_C(s)}=\frac{RCs+2}{LCRs^2+(RR_CC+L)s+R_C+D^2} \tag{6-5}$$

对控制电感电流的开环传递函数进行分析，无论储能系统工作在 Buck 工作模式还是 Boost 模式，传递函数的极点皆位于左半平面，即系统开环传递函数是稳定的。

6.3.2.2　系统控制策略

蓄电池与超级电容器并联连接。并联控制器的主要任务是控制充放电电流、放电深度、循环工作次数等。因此，对其控制过程的设计是系统的关键，要综合考虑多方面因素的影响，如混合储能装置的容量配置、气候条件、负荷状况等，重点考虑因日照强度和风力大小等环境因素的变化所导致的发电功率的波动，以及负载功率脉动对蓄电池的影响。

在控制系统中共有 3 路信号采集，即蓄电池端电压、超级电容器端电压和电感电流。系统采用双环控制，外环电压环通过采样负载输出电压，与参考电压比较得到误差信号，内环电流环通过采样输入电流与电流环给定值相比较，经电流环的 PI 调节器产生变化的占空比，通过调节 PWM 来控制功率开关管。控制器系统模型如图 6-14 所示。

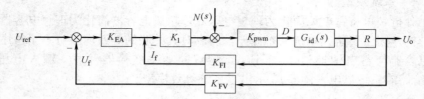

图 6-14　控制器系统模型

采用这种控制策略可以充分发挥超级电容器能量密度大、功率密度大、储能效率高、循环寿命长等优点。当风力发电机和太阳能电池的发电功率很大时，超级电容器吸收大部分电能并储存起来，并在系统输出功率低时释放出来；当负载功率发生脉动时，超级电容器通过控制器系统及时输出电流，使蓄电池的充电过程不受影响。这样，可使蓄电池始终处于优化的充放电工作状态，受外界因素的影响很小，改善了蓄电池的工作环境，减少了蓄电池的充放电次数，延长了蓄电池使用寿命。

6.3.2.3　结果及分析

为验证提出的风光互补发电系统中蓄电池超级电容器混合储能的合理性及科学性，构建了超级电容器蓄电池混合储能的风光互补发电系统。参数如下：蓄电池容量为 15000F，蓄电池内阻为 0.2Ω，超级电容器容量为 2000F，超级电容器内阻为 0.02Ω，电感 $L_1=L_2=0.2$mH。图 6-15 给出了实验波形。

图 6-15（a）给出当该风光互补发电系统蓄电池作为单独储能装置，输入电流波动时蓄电池的响应。由图可见，输入电流波动对蓄电池电流的影响很大。图 6-15（b）给出超级电容器、蓄电池混合储能系统中，输入电流波动时蓄电池的响应。由图可知，虽然输入功率发生了较大的波动，但由于超级电容器是高功率密度，对脉动电流有一定的平滑作用。图 6-15（c）示出超级电容器、蓄电池混合储能系统中，负载脉动时蓄电池的响应，可见，当负载脉动时，因为超级电容器承担了大部分负载电流，蓄电池波动比较小。图 6-15（d）示出风光互补发电系统中，输入功率和输出功率都有较大的波动时蓄电池的响应。不难看出，蓄电池的输出电流虽有一定的波动，但波动不是很大，超级电容器和蓄电池混合储能系统能起到平滑的作用，基本上能够达到预期的效果。

通过混合储能系统的理论模型和实验研究，表明在负载脉动和输入波动较大时，超级

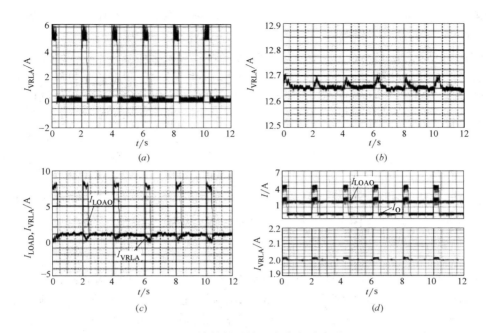

图 6-15 混合储能系统的响应实验波形

(*a*) 单独储能在输入波动时；(*b*) 混合储能系统在输入波动时；
(*c*) 混合储能系统在负载脉动时；(*d*) 混合储能系统在负载脉动输入波动时

电容器都能起到一定的滤波作用，蓄电池的充放电电流能够保持在较平滑的水平，减少了蓄电池的充放电次数，延长了蓄电池的使用寿命，同时也提高了整个系统的工作效率。相信随着技术的不断进步，混合储能技术将得到广泛的应用。

6.4　储能技术的应用研究

近年来，随着可再生能源发电系统，特别是风光互补发电系统的广泛应用，越来越多的学者开始研究对应的储能技术，主要研究范围包括储能系统的优化配置、运行策略和控制策略等[10]。

6.4.1　储能系统的优化配置

储能系统容量配置是否合理，对微电网的经济运行影响很大。若容量选择偏小，系统多余电量不能充分储存，会造成微电网发电功率的浪费；容量选得太大，一则增加投资，二则储能装置可能长期处于充电不足状态，影响储能装置的使用寿命。因此，选择合适的储能设备容量十分重要，一般要满足两个要求：一是储能设备容量应能满足系统的需求；二是容量的选择应满足一定的经济性。

目前常用的储能系统容量配置优化方法主要有差额补充法、平抑分析法和经济优化法等[11]。

（1）差额补充法：差额补充法是较为传统的容量配置方法。主要是依据光伏发电系统的最小日发电量与其在雨雪天气发电量的差额作为超级电容器的配置容量。该配置方法非常简单,不需要通过复杂的建模和计算。但该方法未考虑实际运行中储能系统容量的动态变化,配置容量往往不够精确。

(2) 平抑分析法:平抑分析法主要根据储能系统对波动功率的平抑效果和电能质量进行储能系统容量优化配置,不同的优化角度具有不同的容量配置方法。可以从独立风光储微电网实现连续供电角度进行蓄电池容量优化配置,也可以从快速平衡微电网内的非计划瞬时波动功率、维持微电网电压和频率稳定角度进行储能装置容量配置;还可以允许连续离网运行时间和极端条件下系统期望稳定运行时间为指标,进行微电网系统储能容量配置。文献 [10] 从电力系统稳定性出发,提出一种考虑稳定域及状态轨迹收敛速度的最小储能容量配置方法,该方法求解最小储能容量简便易行,配置容量较为精确

(3) 经济优化法:经济优化法主要通过建立目标函数和约束条件,将储能系统容量作为其中的优化变量,采用遗传算法、粒子群算法等进行优化求解。

6.4.2　储能系统的运行策略

储能系统优化运行对于满足微电网的基本功能、实现更大的经济效益、提高系统可靠性具有重要的意义。储能系统的运行策略可以根据微电网的工作状态分为并网运行策略和孤岛运行策略。而对于本书提到的离网系统或者微网系统,采取的是孤岛运行策略。在孤岛运行方式下,微电网不存在从外部电网调度电能的问题,其负荷完全依靠系统内部微电源和储能装置供应。针对独立运行模式下的微电网能量管理问题提出微电网实时能量优化调度方法,该方法根据实时监测到的储能装置能量状态及系统净负荷功率,采用不同的调度策略,并引入负荷竞价策略,将切负荷和卸荷作为功率调节辅助手段。

6.4.3　储能系统的控制策略

储能系统的运行控制对离网系统的安全稳定运行和经济效益有着重要影响。目前,按照不同的储能控制模式,储能系统的控制策略可以简单划分为调度模式和自主模式。调度模式实质上是一种集中控制模式,集中控制包含单元控制器和储能系统中央控制器,通过通信接受上层系统的有功、无功调度。自主模式实质上是分散协调控制模式,一般针对快速响应的应用,如短时功率波动平滑、调频调压、电能质量补偿等,如依据储能 SOC 采用模糊控制策略对储能输出功率进行修正,避免储能系统容量枯竭或饱和。值得关注的是,采用模糊控制策略虽然能延长储能装置的使用寿命,但同时也降低了风电的平滑效果。

6.5　储能系统中存在的问题及展望

储能技术对离网系统的稳定运行和协调控制有极其重要的作用,它的应用无论是在用户侧还是在电网侧都将带来一定的经济效益。微电网中的储能技术研究仍有不少问题需要深入研究,主要体现在以下几个方面[11]:

(1) 优化配置。随着新能源开发步伐的加快,我国风电装机和发电量持续增长,但随之带来的"弃风"问题困扰着风电的发展。如何配置大容量、高效率的储能系统,真正实现平抑风电功率将是未来该研究领域所面临的重要问题。

(2) 优化运行。由于考虑到储能装置充放电速率及使用寿命等因素,现有的相关研究

很难实现储能技术的实时调度要求。

（3）协调控制。在智能电网大背景下，储能技术存在与各分布式电源、大电网之间的协调控制问题。

（4）复合储能。复合储能技术给微电网的优化运行与协调控制带来的新挑战。

针对以上问题，近年学者们从以下几点开展了深入研究：

（1）研究能量密度和功率密度高的储能技术，以满足微电网中大容量、高效率的储能需求。

（2）新建储能电站。2013年辽宁电网卧石风电场建成世界上最大的以全钒液流为储能方式的储能电站，达到降低风电场弃风率、提高可再生能源供电质量的目的。

（3）采用数字化、信息化和网络化等现代化分享技术进行储能系统的优化运行与协调控制，实现系统能量和功率等方面的多重要求。

另外，学者们针对混合微电网中的储能技术也开展了大量研究，如混合储能方式、含可再生能源的热电联供型系统和交直流混合微电网系统等。针对混合微电网中的储能装置进行优化配置和经济调度，提高系统的技术可靠性和经济性等相关研究工作，将成为今后该领域的新热点。

本章参考文献

[1] J. H. Gladstone and A. Tribe [J]. Nature，1883，27：385.

[2] 马涛，杨洪兴，吕琳. Technical feasibility study on a standalone hybrid solar-wind system with pumped hydro storage for a remote island in Hong Kong. Renewable Energy [J]. 2014，69：7-15.

[3] 马涛，杨洪兴，吕琳. Feasibility study and economic analysis of pumped hydro storage and battery storage for a renewable energy powered island [J]. Energy Conversion and Management，2014，79：387-397.

[4] 马涛，杨洪兴等. Pumped storage-based standalone photovoltaic power generation system：Modeling and techno-economic optimization [J]. Applied Energy，2014.

[5] 马涛，杨洪兴等. Optimal design of an autonomous solar-wind-pumped storage power supply system Applied Energy [J]. Applied Energy，2015.

[6] Kumbernuss，Jan，et al. A novel magnetic levitated bearing system for Vertical Axis Wind Turbines (VAWT) [J]. Applied Energy，2012，90 (1)：148-153.

[7] 李春来，杨小库. 太阳能与风能发电并网技术 [M]. 北京：中国水利水电出版社，2011.

[8] 余耀，孙华，许俊斌，曹晨霞，林尧. 压缩空气储能技术综述 [J]. 国内外动向，293，69 (1)：68-74.

[9] 李少林，姚国兴. 风光互补发电蓄电池超级电容器混合储能研究 [J]. 电力电子技术，2010，44 (2)：12-14.

[10] 陈深，毛晓明，房敏，刘文胜. 微电网中储能技术研究进展与展望 [J]. 广东动力，2014 (27)：11-16.

[11] 田培根，肖曦，丁若星，黄秀琼. 自治型微电网群多元复合储能系统容量配置方法 [J]. 电力系统自动化，2013，(01).

[12] 谢石骁，杨莉，李丽娜. 基于机会约束规划的混合储能优化配置方法 [J]. 电网技术，2012，(05).

[13] 陈深，毛晓明，房敏，刘文胜. 微电网中储能技术研究进展与展望 [J]. 广东动力，2014，(27)：11-16.

第 7 章　太阳能—风能互补发电中的并网技术

近年来，随着国家政策以及风光行业市场的不断变化和发展，越来越多的风光互补发电系统开始由边远地区逐步向城市并网发电以及风、光、建筑集成的方向快速迈进。随着可再生能源技术的发展，在低压电网的地区，将风光互补发电系统输出的电能通过并网逆变器并入低压电网成为一种重要供电方式。风光互补并网发电在缓解电网压力、电力调峰、节约传统能源等方面都能够起到重要作用，而且并网式风光互补发电系统的研究具有重要的经济和社会价值。

同时，电力电子器件的高频化和高性能微处理器特别是数字信号处理器的出现和发展，使得一些先进的控制策略应用于并网控制成为可能。另外，各种并网用逆变器相继生产并投入使用。这些电力电子技术、电源技术尤其是逆变技术的不断发展为风光互补发电系统的并网应用提供了可靠的技术支持。

综上所述，随着市场的发展以及技术的趋于成熟，并网式（型）风光互补发电系统将越来越多地在实际生活中实现应用，太阳能风能互补能源系统也将全球性地由"补充能源"的角色被认为将是下一代"替代能源"。

风光互补并网发电在各地都有一些尝试。例如黄来等[1]研究的风光互补发电实验系统成功接入电网。根据湖南省太阳能和风力资源分布情况，预计该风光互补并网发电系统年发电量可达 10000kWh 左右，节约电费 6000 元左右，CO_2 减排量约为 6000kg。

7.1　风光互补发电系统并网技术

一般来说，并网式风光互补发电系统具有两种不同的形式[2]：可调度式（带有蓄电池）与不可调度式（不带蓄电池），分别如图 7-1 和图 7-2 所示。

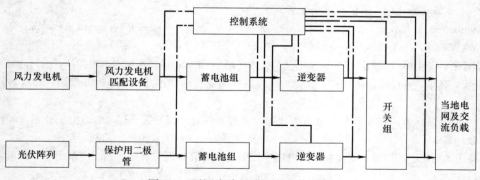

图 7-1　可调度式风光互补发电系统

图 7-1 中，能量由风力发电机与光伏阵列产生，之后由电池储存电能，经逆变器之后将电能转换为与当地电网同频率、同相位的交流电，注入电网中。而图 7-2 中的风光互补发电系统省略了用于储电的蓄电池组。带蓄电池的并网系统因为蓄电池的存在，可通过调节蓄电池的充放电，从而调节整个系统的能量输出。而无蓄电池的风光互补并网发电系

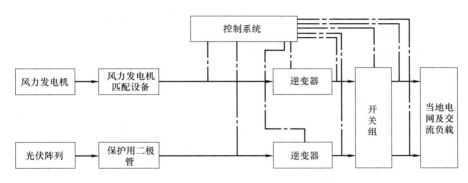

图 7-2 不可调度式风光互补发电系统

统，不能调节上网时间，调峰效果较差，一般用于工厂发电。然而，蓄电池的使用将会大大增加系统成本，并且也会对环境造成较大污染，所以现在主要应用在市场上的是不可调度式并网发电系统中。

对比离网式风光互补系统，并网式发电系统的独特之处主要是在三个方面，即逆变器、监控器和通信系统。

7.1.1 逆变器

在风光互补并网系统中，最重要的器件是并网逆变器。本节将主要讨论逆变器的作用和工作模式。

并网逆变器的主要作用是在并网系统中将整流后风力电和光伏阵列直接产生直流电转化为与当地电网同频率、同相位的标准化的交流电后供给电网内的交流负载。同时，逆变器的转换效率以及对逆变系统的控制效果将直接关系到整个系统的运行经济性、有效性和可靠性。在并网式风光互补发电系统中，虽然整个系统及其生产的并网用电是整合统一的，但是由于系统主要是利用了风光资源在时间上的互补性，而且由于光伏发电和风能发电各自的特点也很不相同，所以光伏发电与风能发电在实际的系统中是相对独立的，而且使用相对独立的逆变器构成各自的逆变系统，最后在当地电网处整合并网。

风机和光伏并网逆变器都有待机、运行、故障和停机等 4 种工作模式：

（1）运行模式是指风机逆变器将控制器输出的直流电变换为交流电并入电网，光伏逆变器将光伏组件的直流电转换为交流电并入电网，在此模式下逆变器一直以最大功率点跟踪（MPPT）方式使输出的能量达到最大，故并网发电模式也称为 MPPT 模式。

（2）待机模式是指在运行后，直流侧的电流较小，并保持 3min 后，逆变器从运行进入待机状态，在待机模式下不断检测风机控制器或光伏阵列是否具有足够的能量并网发电，当这一条件满足时转入运行模式。

（3）故障模式是指当风机发电系统出现故障和当光伏发电系统出现故障时，逆变电源会停止工作，立即断开交流侧的接触器，系统此时持续监控故障是否消除，如果未消除故障，则保持故障状态；如果已消除故障，5min 后重新并网发电。

（4）停机模式是指以人为的方式干预控制逆变器关机，之后交流侧的接触器将会立即断开，但此情况并非系统有故障。

正常状况下，风力和光伏并网逆变器的整个并网发电过程都是自动的，不需要进行人为控制，其并网过程如下：当逆变器的直流输入端有直流输入时，输出端与电网连接，并给自身的直流母线充电，逆变器进入待机状态，当直流输入电压超过 230V 或 320V 时，风力和光伏逆变器准备并网并进行并网前的自检，确认是否满足并网工作所需的所有条件，之后开始连接电网，并网发电。

7.1.1.1 逆变系统的原理

典型的并网逆变器原理和系统构成如图 7-3 所示。系统分为主回路和控制回路。

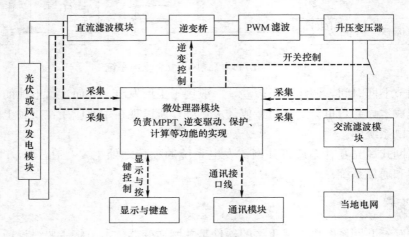

图 7-3　并网逆变器原理图

主回路可达到能量变换与传输的目的，包括滤波、受控逆变、变压等环节。虽然无论是光伏发电还是风力发电都会产生不稳定的电能，但是经过主回路之后都会转化为与电网同频率、同相位的交流电，并最终接入电网成为电网的一部分。而控制回路相当于整个系统的大脑，该系统中所有元件与电路的控制协调以及系统主要功能的实现都是通过控制系统的控制来完成。控制回路主要由单片机、各种外围处理器和电路组成，微处理器完成了数据采集、计算、输出控制、协调工作等任务。

7.1.1.2 逆变器并网的功能

在风光互补并网发电系统中，尤其是无蓄电池组的不可调度式并网系统中，逆变器必须要使转化后的电与电网同相位、同频率，这样才能最大限度地利用风光所产生的电力，并更大限度地防止"孤岛效应"。为了能很好地实现并网，逆变器主要应用了软件锁相环、MPPT、防"孤岛效应"技术。

1. 软件锁相环

锁相环技术的理论在 1932 年就已经被提出，但是直到 20 世纪 40 年代才在电视机中得到广泛的应用。其英文全称为 Phase-Locked Loop，简写为 PLL[3]，是实现相位自动控制的负反馈系统。锁相环使振荡器的相位和频率与输入信号的相位与频率同步。通常，其由鉴相器、环路滤波器、压控振荡器组成，是个闭环自动控制系统。但是随着数字技术的发展，越来越多的硬件功能可以通过软件来实现。目前已经能够使用软件的方式达到硬件锁相环的功能，从而替代了复杂的硬件电路。

2. 最大功率点跟踪

MPPT（Maximum Power Point Tracking，最大功率点跟踪）技术，与高效率的 DC/

DC 变换器类似，相当于太阳能电池输出端的阻抗变阻器。该技术可以使光伏阵列或者风力发电机发挥当地时间与气候条件下的最大出力，即实时地使风光互补系统工作在最大的输出功率点附近，从而得到最大的并网能量。

MPPT 主要是硬件与软件的配合来实现的。从软件的角度来分析，MPPT 主要有以下两种：（1）数控匹配法：该方法是从光伏阵列或风力发电机组直流输出端的输出电压与输出电流、输出功率关系的数学模型出发，导出最大功率点的电压表达式，通过数控系统执行器不断运行从而使系统输出功率最大。（2）登山法：其控制原理是电压变化始终是让发电设备朝着输出功率最大的方向变化，实质上是一个自寻优的过程，通过对当前输出电压与电流的检测，得到当前的输出功率，再与已被储存的前一时刻的功率相比较，取较大值，再根据当前的电压控制输出，再不断检测比较，使得发电设备工作在最大功率点附近。

3. 防"孤岛效应"

"孤岛效应"是指当电网供电系统因故障事故或停电维修而跳脱时，各个用户端的分布式并网发电系统未能立即检测出停电状态，而将自身切离电网，从而形成由分布电站并网发电系统和周围的负载组成的一个自供电的孤岛。孤岛效应会对设备和人员的安全带来重要隐患。当并网逆变器检测到电网中断供电即"孤岛效应"发生后，会立即停止工作，当电网恢复供电时，并网逆变器不会立即投入运行，而是将检测电网信号维持一段时间，待完全正常之后，才投入运行，以免由于误检测做出误动作。

4. 逆变器的其他功能

随着技术的不断发展，在并网式风光互补发电系统中逆变器的功能不能只仅仅局限在逆变这一个功能，为了更好地与系统中其他设备配合工作以及数据采集的方便，需要对逆变器的功能进行丰富。在丰富的过程中，极其重要的一环就是逆变器运行过程中的数据存储和通信，即在满足可靠、丰富的数据存储的情况下通过有效的通信将数据发送到数据处理终端来满足实时数据处理、分析的要求，这样不仅有利于了解逆变器实际的运行情况，也有利于研究风光互补发电系统的运行效果和逆变器的工作效率等。同时，如果逆变器出现故障，将为故障尽快排除提供大量的参考资料。国外很多公司已经开发出了通讯功能相当丰富的逆变器产品，这些标准化接口功能的增加将更加扩大产品的使用范围，有利于将来风光互补并网发电系统设备的标准化、模块化，利于逆变器的更换以及与其他设备的协调配合。

7.1.2　监控器

为了保证整个风光互补并网发电系统安全、可靠并且高效地运行，需要对气象参数、控制参数、设备运行参数实时监控。监控不仅保证了系统的运行，也给以后系统的维护、管理以及将来系统运行分析提供了第一手资料，为将来的良好运行奠定了坚实的基础。

监控系统的硬件组成主要包括：底层专用数据采集板、中继数据采集与控制板、监控用计算机。其中底层专用数据采集板负责采集一部分气象参数并利用通讯的方式传送给中继数据采集与控制板，而中继数据采集与控制板除了负责采集其他需要监测的数据并控制所有输出以外，还承担着与底层数据采集板、各逆变器通讯以及将所有有用信息发送到上位机的监控用计算机的任务。如图 7-4 所示，底层板以及逆变器构成第一层数据采集与控

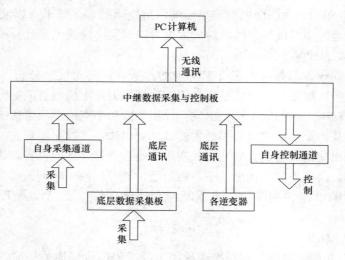

图 7-4 监控系统示意图

制中心；中继板起到一个桥梁的作用，也是整个监控系统协调工作的核心，它本身完成一些数据的采集以及对外输出控制信号的工作，而且向下通过底层通讯接受第一层采集与控制中心传来的数据，向上以无线通讯的方式传送所有的监控数据给 PC 计算机，维护和管理人员可以远程操纵整个监控系统乃至整个风光互补发电系统。

整个系统的监测参数（不包括逆变器的采集量）主要包括 3 个部分：光伏发电系统电气参数、风力发电系统电气参数和气象参数。

7.1.3 通讯系统

在 SCC 控制系统中，上位机接收数据、所有的相对独立的工作设备之间的数据信息的传递和所有设备的协调工作都是通过通讯来完成的。通讯是一个桥梁，如果没有良好的通讯系统的设计，各工作部分（包括 PC 上位机）都会失去与外界的联系，而各自为政的

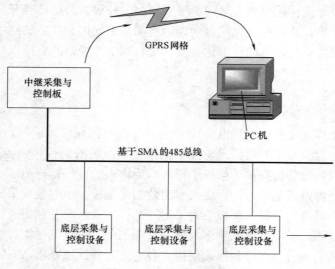

图 7-5 通讯系统结构图

工作方式必定会带来系统运行的失败。所以，通讯的设计是重要一环。控制系统主要采取两种通讯方式：SMA 通讯（485 总线的形式）与 GPRS 通讯（无线传输数据）。其中基于485 总线形式的 SMA 通讯主要应用于下层控制设备之间的数据交互，而 GPRS 通讯主要应用于中继数据采集控制板与系统监控计算机（上位机）之间的数据交互（由于两者之间的数据传递距离很远）。通讯系统的整体结构如图 7-5 所示。

7.2　风光互补型电网规划设计典型方案

7.2.1　小型风光互补并网系统设计

本节将简单介绍一个小型风光互补并网系统（20kW）的设计实例[4]。工程现场位于天津市大港区海防路某海水淡化盐厂内（东经 117 度 39 分 38.65 秒，北纬 38 度 54 分28.85 秒）。此位置位于海岸旁，具有良好的风光资源。

7.2.1.1　系统设计方案

在此案例中，20kW 风光互补发电并网系统的组成主要包括：10kW 光伏阵列、10kW 风力机组、数据采集器、系统控制器、并网逆变器等（见图 7-6）。针对图 7-6 所示的系统的主要组成部分，通过参考实际的现场其他建筑物的位置，按照图 7-7 所示的平面图来布置本系统的组成设备。

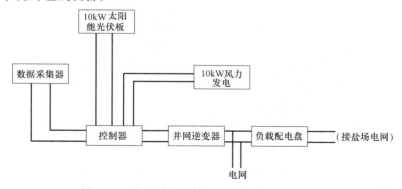

图 7-6　20kW 风光互补可再生能源系统原理图

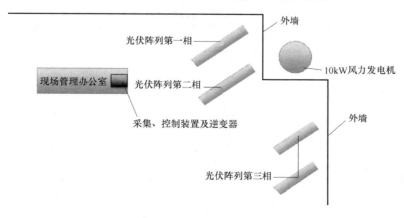

图 7-7　现场设备布置图

整个系统为 3 相并网系统。其中风力发电采用单独的风力控制系统，风力发电系统生产出来的电就是三相电，这部分电直接并网；而光伏发电分为 3 路，各路分别逆变为 3 相电中的一相，然后馈入电网。入网的变换是通过逆变器来完成的，在逆变器的前后需要相关的保护措施，图 7-8 显示其电气连接的示意图。

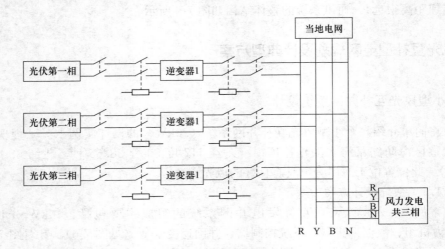

图 7-8　系统并网方式示意图

7.2.1.2　系统设备选型

结合上一节提出的系统方案，系统设计时设备选型参考的参数如下：

(1) 光伏阵列开路输出电压（8 个双结非晶硅电池组件串联）：488V；

(2) 光伏阵列最大功率点输出电压（8 个双结非晶硅电池组件串联）：368V；

(3) 光伏逆变器输入直流电压：200～500V；

(4) 光伏逆变器输出交流电压：180～256V；

(5) 光伏逆变器输出交流电频率：45.5～54.5Hz；

(6) 光伏阵列最大输出直流电流：3A（每组单相），12A（共 4 组单相）；

(7) 风力发电单相输出交流电压：195～256V；

(8) 风力发电最大输出交流电流：15A（单相），45A（共 3 组单相）。

控制系统设备选型表　　　　　　　　　　　　　　　　表 7-1

编号	设 备 名 称	单位	数量	生产厂家
1	光伏组件	块	264	天津市津能电池科技有限公司
2	光伏联网系统逆变器	台	3	德国 SMA 公司
3	风力发电机组	台	1	河北工业大学
4	风光互补系统控制器	套	1	天津大学
5	风光系统数据采集器	套	1	天津大学

根据上述设备选型的参考参数，综合经济性，经过比较分析，决定按照表 7-1 所示进行设备选型。图 7-9 和图 7-10 展示了太阳能光伏组件和 SMA 逆变器的外型。

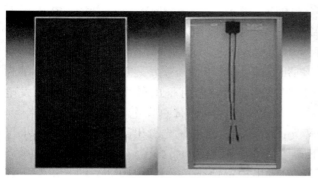

图 7-9 非晶硅太阳能电池板外型图　　　　　　图 7-10 逆变器实体图

7.2.2 大型风光互补并网系统规划设计

罗建明等[5]提出了一个风光互补型电网规划设计的典型方案。该方案以甘肃酒泉瓜州某风场为例，介绍了该地区的太阳能、风能资源情况。根据该地区太阳能与风能有很好的互补关系，提出了风光互补容量的匹配计算方法。并且通过仿真实验得出，对于该48MW 的风电场，配置的光伏电站为 10MWp 时，互补效果最好。

7.2.2.1 瓜州风光资源状况

在风光互补型电网设计中，选址是首先要考虑的问题。在瓜州的风场中首先考虑了当地的风光资源。

瓜州县年平均风速 2.7～4.2m/s，最大风速 20～34.5m/s，主导风向是西南风，其次是东风和西北风。另外，瓜州县 80m 高度处每月平均风速呈现冬春季大、夏季小的特点，月最大平均风速为 9.1m/s，出现在 4 月份；月最小平均风速为 5.4m/s，出现在 7 月份，年平均风速为 7.18m/s。

而瓜州也有较充足的光资源。瓜州年日照总时数达到 3300 多小时，日照百分率为75%，年太阳能总辐射量为 6300MJ/m²，20 年统计日照时数≥6h 的天数超过 310 天，仅次于我国西藏地区，是西部最具开发潜力的清洁能源基地之一。

7.2.2.2 风力、光伏发电量预测

在勘探清楚瓜州当地的风光资源之后，需要分别对风力发电量以及光伏发电量做出预测。规划风电场全部装机容量为 48MW，单台风机容量为 2MW，结合风机特性、功率特性以及风速情况，可预测 48MW 风电场在 3～5 月份和 11～1 月份发电量较多，在 6～8月份发电量相对较少；在 21：00～6：00 发电量较多，而 8：00～19：00 发电量相对较少。

甘肃瓜州光伏发电场址的全年平均太阳辐射为 1.76MWh/m²，按支架最佳倾角 37°计算，斜面上的全年平均太阳辐射量为 2.0678MWh/m²，计算出该场址的峰值日照小时为2067.8h/a，以 10MW 光伏电站为例，其理论年发电量约为 2067.8 万 kWh。

7.2.2.3 风光互补分析

在以年为周期的风光互补效果分析中，光伏板固定安装倾角为 37°的情况下，对甘肃瓜州县 48MW 规划风电场进行分析。根据以风力发电为主、光伏为辅的规划原则，下面

对 50MW 以下的光伏安装容量与 48MW 风电场形成的互补效果进行了初步研究。另一方面，从稳定性方面考虑，引入每月发电量的均方差值。对于 48MW 的风电场，在固定安装倾角为 37°时及太阳能光伏安装容量为 10～50MW 时，以一年为周期，风光总发电量的稳定性效果相对单独的风力发电总体不理想，基本上不能起到削峰填谷的平滑作用。

一天为周期的风光互补效果分析：瓜州风场为 48MW，考虑太阳能光伏装机容量为 5MW、8MW、10MW、15MW、20MW（37°安装倾角），可得出风光互补典型日总发电量的变化情况。从风光总出力稳定性效果方面分析，以每日总发电量的均方差为指标，5MW、8MW、10MW、15MW、20MW 光伏装机容量时的风光总出力均方差。从结果可知，对于瓜州 48MW 风电场，在光伏装机容量大于 10MW 时，光伏装机容量越大，风光总体日每时发电量的均方差越大，说明风光输出稳定性越差。选择 10MW 的光伏装机容量，对于改善 48MW 风场的输出稳定性效果最好。48MW 的风电场配置 10MW 的太阳能后，对由于白天和晚上的风光资源的波动性引起的风电和太阳能的有功功率输出的稳定性有明显的改善，并可以在不改变变压器及电网容量的前提下，增加有功功率输出，持续稳定地向电网提供电力。

7.3　并网型风光互补发电系统存在的问题及展望

风光互补并网发电系统存在的问题也主要是由风能与太阳能的特性决定的。风能与太阳能虽然有着取之不尽、用之不竭；就地可取、无需运输；分布广泛、可靠性高；清洁能源、没有污染等优点，但是其缺点也非常明显。

首先，其能量密度较低。空气在标准状况下密度为水的 1/773，所以在 3m/s 的风速时，其能量密度为 $0.02kW/m^2$，而水流速度为 3m/s 时，能量密度为 $20kW/m^2$。因此，在相同的流速下，要达到与水能同样大的功率，风轮直径为水轮的 27.8 倍。太阳能的能量密度也很低，必须配备足够大的受光面积，才能得到足够的功率。

其次，风能与太阳电能的能量稳定性均较差，风能与太阳能都是随着天气的变化而变化。这种能量的不稳定性也给这两种能源的利用带来了困难。

7.3.1　可调度型风光互补并网发电系统

可调度型风光互补并网发电系统由于蓄电池组的存在，降低了不稳定的风能与太阳能对电网的冲击。然而也正是因为蓄电池组的使用，使得整个系统的投入成本增大，而且蓄电池的使用周期不是很长，随之配套的维护成本也将增高。

另外，废弃的蓄电池对环境的污染也很严重。因此这种类型的风光互补并网发电系统使用的范围将越来越少。本书将主要讨论不可调度型风光互补并网发电系统。

7.3.2　不可调度型风光互补并网发电系统

就目前来说，在不可调度型风光互补并网发电系统中主要是以下三个环节存在一定的技术问题：风光发电的匹配设计、逆变器的研究与开发以及风光发电的协调控制。

7.3.2.1　风光发电的匹配设计

在风光发电匹配设计方面，虽然有很多科研机构与企业都进行了大量的研究，包括设计出很多数学模型、进行了多方面的系统仿真等，这些工作也取得了一定的成绩。比如在风光资源的评价、风光如何有效匹配上提出了很多好的方法和措施，但是这些都只是仿真的结果，并没有在实际中得到应用。所以，针对该问题，应该大力推动理论用于实践，以便证明理论的可行性、有效性，更重要的是其经济性，也可以在实践中丰富和发展理论。如此理论与实践的相互促进，将进一步推动风光互补发电的商业化进程。

7.3.2.2　逆变器的研究和发展

前文已经强调，逆变器在风光互补发电系统中具有重要的作用。由于风能与太阳能的波动性，如果不经调节就并入电网，将会对电网造成冲击。研究表明，并网逆变器的电流控制主要有各种坐标下的 PI 控制、滞环控制、预测和无差拍控制。PI 控制中，如果选择同步坐标，则参考电流为直流量，PI 控制器可以消除基波电流稳态误差。静止坐标系下，由于 PI 控制器在基波频率处的增益不是无穷大，所以基波电流存在稳态误差。对于低次谐波，无论在同步坐标还是静止坐标下，都不是直流量，因此如果电网电压或直流电压存在谐波，则并网电流一定包含相应谐波。传统的滞环控制由于开关频率不恒定，所以即使没有扰动，并网电流中也存在低次谐波。恒频滞环控制由于要实时计算滞环宽度，计算量很大，特别是当参考电流无法预测时，无法计算滞环宽度。基于定时采样的限频滞环控制，限制最大开关频率为采样频率的 1/2，开关频率不恒定。预测和无差拍控制的鲁棒性不强。为此可以设计基于调制技术的滞环控制，基本思路是将滞环比较器的输出进行调制，从而使开关频率恒定，而滞环控制本身对电网畸变和直流电压波动具有很强的鲁棒性，所以这种方法可以消除并网电流的低次谐波。

并网逆变器控制中的另一个问题是同步。目前常用过零比较、电网电压衰减和锁相环技术进行同步。过零比较在电网电压畸变时偏差很大，电压衰减在电网电压存在畸变时会引入误差，锁相环技术虽然能够较好地抑制电网电压畸变的影响，但电压不平衡时存在较大误差。可以考虑采用基于瞬时无功理论的同步方法。基本思路是建立标准三相正弦波，然后将其作为虚拟电网电流和电网电压一起计算瞬时有功功率和瞬时无功功率，用低通滤波器得到其中的直流分量后，通过反正切运算求得电网电压相角，这样可以在各种情况下获得准确的同步信号。

国外逆变器及其配套设备的理论和产品化已经相当成熟，并在实际应用中得到大量的应用，如德国 SMA 公司的产品、瑞士 ASP 公司的产品等。而在国内逆变器的研究与国外相比还存在一定差距，虽然某些科研单位已经研发出一些具有优异性能的样机，但是在实际应用中的可靠性以及效率还有待提高，更何况这种样机只是处于研发阶段，距离产品化还有一段距离。

7.3.2.3　风光互补发电的协调控制

由于风光互补并网发电系统的设备构成复杂，而且大部分都是电子电力设备，优化控制系统的控制方式和策略将极大地提高系统运行的经济性，也能更好地保证系统的可靠性，尤其是在无人的地方，系统的自动控制自动运行更为重要。目前国内控制系统的设计还并未总结出一套最有效的方法，也并未达到标准化的程度，这在以后的技术研究上是一个重要的方向。

7.3.3　风光互补电站并网发展的建议

随着风电与光电进一步发展，风电与光电并网输送问题非同小可，亟需解决。风光互补储能电站对破解我国大规模风电与光伏发电并网运行这一技术难题具有重要的意义。为促进风光互补储能电站的可持续发展，有以下几点建议。

1. 建立储能上网电价机制

造价偏高一直是困扰储能电站发展的最大因素，目前可借鉴国外的一些先进经验，通过部分储能电站的示范工程，促进储能价格机制的建立与完善，推动储能电价、峰谷电价和阶梯电价政策的尽快出台，完善储能技术应用的投资回报机制，鼓励投资方投资建设储能装置，促进储能电站应用以及电网建设的良性互动发展。

2. 加强风光储一体化示范工程的运用

目前大容量的风光互补储能电站在国内的运用案例很少，这对风光储产业化的进程带来了一定的影响。可通过建设多个大型风光互补储能电站示范工程，研究与掌握大容量风光互补储能电站系统的并网技术，积累相关经验，制订风光互补储能电站的建设标准和技术规范，确保风光互补储能电站的投资建设满足经济实用的原则。

3. 加强电源与电网的同步性

加强电源和电网的规划与协调，保持大容量储能电站与新能源智能电网的同步建设，防止新能源发电、输电和大容量储能电站脱节的现象，避免造成不必要的投资浪费，风电、光伏以及储能电站的可持续发展才能够实现。

本章参考文献

[1] 黄来，李劲柏，刘武林. 风光互补新能源并网发电实验系统的研制与应用 [J]. 湖南电力，2011，(31)：4.
[2] 周光明，朱正菲等. 基于 DSP 的光伏并网逆变系统的设计 [J]. 能源工程，2004，5：19～23.
[3] 陈世伟，锁相环路原理及应用 [M]. 北京：兵器工业出版社，1990.
[4] 田浩. 风光互补并网发电系统的研究与开发 [D]. 天津：天津大学，2006.
[5] 罗健明，雷凯，徐传进，等. 大型风光互补并网发电系统研究 [J]. 东方汽轮机，2011 (4)：1-6.

第8章　太阳能—风能互补发电系统的设计与应用实例

随着可再生能源技术的发展，风光互补发电系统的应用受到了越来越多的重视。本章通过介绍风光互补发电系统的设计原则以及相应的设计实例，希望可以使读者更直观地理解风光互补发电系统的设计方法，熟悉设计步骤。同时，为了方便对设计进行优化及分析，在本章的第3节将为读者介绍一款主流风光互补发电系统的设计软件 HOMER。最后，在本章的第4节将介绍两个正在运行的风光互补系统实际案例。

8.1　风光互补发电系统设计的基本原则

风光互补发电系统的设计目标是保证用电器在设计寿命内安全可靠地运行，同时合理降低预算成本，在节能的同时提高经济收益。设计良好的风光互补发电系统可以实现风能和太阳能在时间上和地域上的两行互补。通常来讲，在无风的时候一般是晴朗的天气，此时的光照充足；在阴雨的天气时，太阳能系统很难发挥出设计效率，但这时一般风力资源充足。因此，与单一的太阳能系统或风力发电系统相比，风光互补发电系统可以进一步降低系统的成本。

风光互补发电系统的设计包括两个方面[1]：系统设计和硬件设计。风光互补发电系统的系统设计的主要目的是要计算出风光互补发电系统在全年内能够可靠工作所需的太阳能电池组件、风力发电机和蓄电池的数量。同时，要注意协调风光互补发电系统工作的最大可靠性和成本之间的关系，在满足最大可靠性的基础上尽量减少风光互补发电系统的成本。风光互补发电系统硬件设计的主要目的是根据实际情况选择合适的硬件设备，包括太阳能电池组件的选型、风力发电机的选型、逆变器的选择、电缆的选择、支架设计、控制测量系统的设计、防雷设计和配电系统设计等。在进行风光互补发电系统设计时需要综合考虑系统设计和硬件设计两个方面。针对不同类型的风光互补发电系统，系统设计的内容也不一样。离网型风光互补发电系统及并网风光互补发电系统的设计方法和考虑重点都会有所不同。

风光互补发电系统设计必须满足供电高可靠性，保证在较恶劣条件下正常使用，同时要求系统具有易操作和易维护性，便于用户的操作和日常维护。整套风光互补发电系统的设计、制造和施工要具有低的成本，设备的选型要标准化、模块化，以提高备件的通用互换性，要求系统预留扩展接口便于以后规模容量的扩大。

在进行风光互补发电系统的设计之前，需要了解并获取一些进行计算和设备选择所必需的基本数据：如风光互补发电系统安装的地理位置，包括地点、纬度、经度和海拔；该地区的气象资料，包括逐月的太阳能总辐射量、直接辐射量及散射辐射量，年平均气温和最高、最低气温，最长连续阴雨天数，最大风速及冰雹、降雪等特殊气象情况等；用电设备情况，如配置、功率、供电电压范围、负载特征、是否连续供电等；风力发电机和太阳能组件的功率以及特性。要求所设计的风光互补统具有先进性、完整性、可扩展性、智能性，以保证系统安全、可靠和经济运行。一般来说，风光互补发电系统的设计主要集中在

3个部件：太阳电池组件、风力发电机及蓄电池。

8.2 设计实例简析

离岛供电以及 LED 路灯照明是目前风光互补发电系统主要应用对象，本节将给出这两种系统的设计方法和步骤。

8.2.1 离网型风光互补通信基站设计实例

偏远地区的移动基站因为其本身地理位置特殊，连接电网费用昂贵，极其适合应用离网型风光互补系统。该技术可以很好地解决通信行业电源可靠性和无人值守的要求，同时也实现了风光互补型电源系统中风能和光能的有机结合、智能控制、远程监控和高可靠性运行的问题。截至 2009 年，仅在内蒙古地区安装的用于通信基站的风光互补型电源供电系统共有 53 套，主要分布在鄂尔多斯、乌海、海拉尔等地区。

8.2.1.1 系统介绍及设计原理图

该案例基站位于一个山峰的峰顶，周围没有遮挡物，年平均风速 4m/s，年日照时数为 2947.9h，年太阳辐射总量为 1623.8kWh/m²。该地区冬季风大、太阳辐射较低，而夏季风小太阳辐射较强，应用风光互补发电系统可以较好地实现资源互补。

根据当地风力和太阳能资源，经计算风力发电机和太阳能电池组件不能同时发电的最大连续时间为 3d；太阳能电池组件不能发电的最大连续时间为 8d；风力发电机不能发电的最大连续时间为 6d。系统供电负载为两台通信设备，每台工作电压 48V 直流供电，额定电流 8A。设计的风光互补系统原理图如图 8-1 所示。

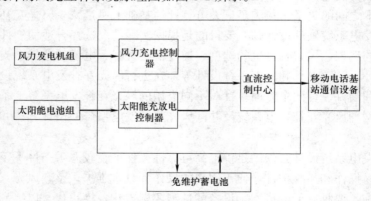

图 8-1　基站风光互补供电系统原理图

8.2.1.2 蓄电池设计

由于该通信基站地处偏远地区，设备维修维护不方便，因此蓄电池选择了免维护型阀控式铅酸蓄电池产品，该铅酸蓄电池产品具有放电功率大、充电迅速、循环寿命长、重量轻、性能可靠和均衡等特点。

另外，已知设备单台设备功率为 384W，蓄电池容量 B_C 计算为：

$$B_C = \frac{P \times D \times N_d}{K_b} = \frac{0.768 \times 24 \times 3}{0.75} = 73.76 \text{kWh} \tag{8-1}$$

式中 P——日平均电量消耗；

N_d——最长连续无风无日照时间；

K_b——安全系数。

因此，可选 96 块 400Ah/2V 蓄电池，蓄电池串联数为 48V/2V=24 块，四组并联的方式。得到的蓄电池总容量为 76.8kWh。

8.2.1.3   光伏组件

通常情况下，在无风的时候，是日照充足的天气，而且此时的日照强度和时长应比年平均数值要高，根据当地气象数据和基站的自然环境，取 7h/d。太阳能的电池计算功率为：

$$P'_s = \frac{P \times D \times N_s - B_c \times K_b}{D_s \times N_s \times C_c \times C_k} = \frac{0.768 \times 24 \times 6 - 73.73 \times 0.75}{6 \times 7 \times 0.9 \times 0.9} = 1.63kW \quad (8-2)$$

式中 P——日平均电量消耗；

N_s——最长连续无风时间；

D_s——有效日照时长。

太阳能组件总功率为 1.63kW。选用 130W 的太阳能电池组件，其最大输出电压为 17.4V，最大输出电流为 7.39A，开路电压为 21.9V，短路电流为 8.02A。设计系统的额定电压为 48V。太阳能串联数为：

$$N_s = \frac{V_f + V_i}{V_m} = \frac{58 + 3}{17.4} = 3.50，取4块。 \quad (8-3)$$

式中 V_f——蓄电池浮充工作电压，取 58V DC；

V_i——串联回路线路电压，取 3V；

V_m——光伏组件的峰值电压，17.4V。

太阳能电池的并联数 N_p 为：

$$N_p = \frac{p}{N_s \times P_m} = \frac{1630}{4 \times 130} = 3.13，取4组。 \quad (8-4)$$

太阳能光伏系统实际总功率为：

$$P_s = N_s \times N_p \times P_m = 4 \times 4 \times 130 = 2.08kW \quad (8-5)$$

根据当地地理、交通等情况确定采用固定式支架，为了全年均可较好地接收太阳辐射能量，太阳能电池方阵面向正南倾斜安装，方阵与水平面夹角为 40°，与当地纬度一致。

8.2.1.4   风力发电机功率

在太阳能电池组件不能发电的天气里，通常是连续阴雨天，此时风速和持续时间均大大超过年平均风速和时间，根据气象资料以及该站点的自然环境，一般风速在 4 级（5.5～7.9m/s）到 5 级风（8.0～10.7m/s）之间的时间为 4h/d。风力发电级功率按下式计算：

$$P'_w = \frac{P \times D \times N_w - B_c \times K_b}{N_w \times D_w} = \frac{0.768 \times 24 \times 8 - 73.73 \times 0.75}{8 \times 4} = 2.88kW \quad (8-6)$$

式中 P——日平均电量消耗；

N_w——最长连续无日照时间；

D_w——有效风速时间。

根据风力发电机实际规格配置一台额定功率为 3kW 的风机（中心塔风机安装高度）。

系统配备的充电控制器具备蓄电池过充过放、开路和负载过电压、输出短路保护，以及光电池蓄电池接反、夜间反充电保护和雷击保护。充电控制器还具有温度补偿功能以及对输入输出电能的测量、显示的功能和故障报警功能。

8.2.2　风光互补LED路灯设计实例

某市国道要安装LED路灯，原设计方案欲使用高压钠灯，经计算需要734盏250W高压钠灯，敷设YJV-8.7/10-3×50电源电缆7km，敷设YJV-0.6/1-4×25＋1×16电缆22.5km，20kVA路灯箱变7台，路灯控制器7台。由于风光互补LED路灯使用方便，与传统仅仅依靠太阳能的发电系统相比，不仅大大降低了太阳能电池板的使用面积，同时也提高了系统的安全性和稳定性，所以最终决定选择风光互补LED路灯作为道路照明路灯。

道路照明按照国家规定的标准，该国道按城市Ⅰ级主干道设计，照度≥20Lx，照明均匀度≥0.4。国道路面总宽为22m，双向6车道，车速为60km/h，属公路一级，水泥路面，实施长10.4km。总体上布灯2排，对称布置，布灯间距25m，实际使用可以进行小距离调整。其中灯具离地10m，灯杆挑出悬臂1.5m，倾角为15°。

8.2.2.1　设计参考依据

该地区年风速3～20m/s；太阳能资源充足，属于太阳能资源Ⅱ类地区，6700MJ/(m² · a)，年日照3000h。环境工作条件：温度－15～40℃。

根据当地风力和太阳能资源，经计算风力发电机和太阳能电池组件不能同时发电的最长连续时间为3d；太阳能电池组件不能发电的最大连续时间为5d；风力发电机不能发电的最大连续时间为8d。

灯具设计额定功率120W，每天平均工作时长为10h。系统总功率为$P=120/0.85=142\text{W}$。

LED路灯风光互补系统设计原理如图8-2所示。

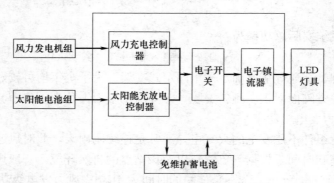

图8-2　LED路灯风光互补系统原理图

8.2.2.2　蓄电池的确定

蓄电池容量需提供LED灯具在最长连续无风无光时仍然可以正常运行，本设计中最长连续无风无光时间为3d。

$$C=\frac{P \times D \times N_{\text{d}}}{K_{\text{b}} \times V}=\frac{0.142 \times 10 \times 3}{0.75 \times 24}=236.67\text{Ah} \tag{8-7}$$

式中　　P——日平均电量消耗;

　　　　N_d——最长连续无风无日照时间;

　　　　K_b——安全系数。

因此,选用免维护 24V/240Ah 蓄电池一台。

8.2.2.3　光伏组件

通常情况下,在无风的时候,是日照充足的天气,而且此时的日照强度和时长应比年平均数值要高,根据当地气象数据和基站的自然环境,取 6h/d。太阳能的电池计算功率为:

$$P'_s = \frac{P \times D \times N_s - B_c \times K_b}{D_s \times N_s \times C_C \times C_k} = \frac{0.142 \times 10 \times 8 - 0.24 \times 0.75 \times 24}{8 \times 6 \times 0.9 \times 0.9} = 180\mathrm{W} \qquad (8\text{-}8)$$

式中　　P——日平均电量消耗;

　　　　N_s——最长连续无风时间;

　　　　D_s——有效日照时长。

因此,选取多晶硅电池两块,每块额定功率为 100W,实际安装功率为 200W。

8.2.2.4　风力发电机功率

风力发电的设计原则是能在连续阴天没有日照的情况下可以独立满足 LED 路灯的用电需求。通常情况下在连续阴雨天的时候,此时风速和持续时间均大大超过年平均风速和时间,根据气象资料以及该站点的自然环境,风速在 4 级 (5.5~7.9m/s) 的时间为 4h/d。风力发电级功率按下式计算:

$$P'_w = \frac{P \times D \times N_w - C \times K_b \times V}{N_w \times D_w} = \frac{0.142 \times 10 \times 5 - 0.24 \times 0.75 \times 24}{5 \times 4} = 139\mathrm{W} \qquad (8\text{-}9)$$

式中　　P——日平均电量消耗;

　　　　N_w——最长连续无日照时间;

　　　　D_w——有效风速时间。

根据风力发电机实际规格配置一台额定功率为 150W/24V 的风机。

8.2.2.5　经济性分析

从表 8-1 中可以看出,应用风光互补 LED 系统不仅可以获得较好的经济收益,同时还可以降低环境污染,提高环境质量。系统运行十年后可以节省费用 120 多万元,减少 CO_2 排放 480 多万吨。

风光互补 LED 路灯成本及高压钠灯路灯运行成本对比　　　　表 8-1

项　　目	单　　位	高压钠灯方案	风光互补 LED 路灯
额定功率	W	250	120
10 年总耗电	万度	669.8	—
电价	元/度	0.72	—
10 年总电费	万元	482.26	—
路灯购置费	元/盏	0.55	1.5
路灯及安装费用	万元	403.7	1320
电缆费用	万元	442.5	—

项　目	单　位	高压钠灯方案	风光互补 LED 路灯
配电及配件	万元	63	—
10 年维修费	万元	58.7	17.6
成本总计	万元	1450.16	1337.6
10 年 CO_2 减排量	万吨	480.8	

8.3　商业软件设计实例

随着计算机和可再生能源理论的不断发展，数值模拟技术越来越多地应用于可再生能源系统的分析和设计中。本节根据笔者的研究成果[2][3]，介绍一个用 HOMER 软件设计风光互补系统的实例。希望读者可以熟悉使用软件的基本步骤以及主要功能。

8.3.1　HOMER 软件介绍

HOMER（Hybrid Optimization Model for Electric Renewable，可再生能源互补发电优化建模）最初是由美国国家可再生能源实验室（NREL）开发的，主要针对小功率可再生能源发电系统进行仿真、优化以及灵敏度分析。现拥有超过 193 个国家 70000 多名用户。

HOMER 可以模拟电力系统运行过程和预测其生命周期的成本。它使设计人员可以根据自己的技术和资源条件，通过比较不同的设计方案从而选择出最优的设计方案。同时，它也有助于设计人员理解和量化不确定因素的影响，来实现对农村或偏远地区的电气化项目的规划和决策。该软件不仅可以模拟离网系统的运行过程，还可以对并网发电系统进行仿真，并且可以实现多种能源系统的混合，如太阳能、风能、水能、生物质能、柴油和电池、燃料电池等。

HOMER 是一个计算机模型，它简化了离网和并网对于远程的、独立的和分布式发电系统的评估选择的任务。HOMER 优化和灵敏度分析算法，可以用来评估系统的经济性和技术选择的可行性，以及考虑技术成本的变化和能源资源的可用性。HOMER 可以找到满足电力负荷的前提下而成本最少的系统组成。它通过模拟数以千计的系统配置方案，降低生命周期成本，并产生最优结果。HOMER 主要有以下三个功能：

（1）仿真：在仿真过程中，HOMER 通过一年 8760h 对特定的微网系统进行模拟，以确定其系统的技术可行性和生命周期成本。对于每一个小时，HOMER 把电力负荷或热负荷和系统在该时段可以提供的能量做比较。对于那些包括蓄电池或燃料发电机的系统，HOMER 还决定如何分时段操作发电机以及是否对蓄电池充放电。如果系统发电量能满足一整年的负载需求，HOMER 会对系统的周期成本做出估计，包括初始配置资本、更换费用、操作和维修费用、燃料费用和利息费用等。通过这个软件可以查看每个组件每小时的能量流动以及成本和性能的年度总结。模拟仿真的目的主要有两个：首先，确定系统的可行性。如果它能够满足电气和热负荷的要求，并同时满足由用户施加的任何其他约束，则 HOMER 认为该系统是可行的。其次，它能够估计该系统的寿命周期成本，即在其寿命期内的安装和操作该系统的总成本。

（2）优化：优化功能可以帮助设计者在众多设计方案中找到最佳的系统配置方案。在优化过程中，HOMER 软件会模拟各种不同的系统配置，丢弃掉不可行的方案（不能满足技术要求的方案），根据系统生命周期成本对方案进行排名，最低者作为最优系统配置方案。HOMER 显示一系列可行的系统方案，这些方案按照周期成本来分类，在清单的最上方为成本最低的系统，也可以浏览其他可行的方案。

（3）灵敏度分析：在灵敏度分析的过程中，HOMER 会考虑不确定因素以及各种变化对于计算模型的影响，如负荷大小的变化、太阳辐射强度的变化、风速的变化或者未来燃料价格的影响。HOMER 软件中可以改变不同的输入来查看系统的经济效益状况，从而选出最佳的系统方案。可以对一个输入变量进行敏感性分析，改变关键变量的值或者给一定的范围，并且分析每种情况下的经济效益。它还可以重复每个输入值的优化过程，检查变动值对结果的影响。此外，HOMER 还具有强大的绘图功能。

总结这三个功能之间的关系是：一个优化方案包括多个模拟仿真。同样，一个单一的敏感性分析由多个优化方案组成。总之，HOMER 软件可以帮助研究人员、系统设计人员、政策制定者或市场分析人员做出正确、合理的决策。

8.3.2 系统简述

8.3.2.1 基本系统构成

该研究采用风光互补系统，选用蓄电池作为储能系统，其系统结构如图 8-3 所示。该系统主要由光伏组件、风力发电机、电池组、逆变器、控制器和其他配套设备和配电电缆组成。从光伏组件和风力发电机输出的直流电经逆变器转换成交流电直接提供给用电设备，同时将多余的能量储存于电池组。当电池组充满电后，剩余能量会及时释放到卸荷器。当可再生能源的输出不足时，转为电池组给负载供电。该系统的核心电力部件是控制器，它将其中的 AC 和 DC 总线连接起来。光伏组件、风力发电机和电池向直流母线供电，AC 总线进行负载侧供电（假设所有负载为 AC）。

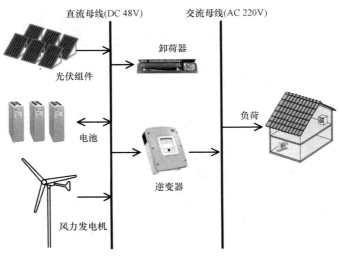

图 8-3　风光互补系统结构示意图

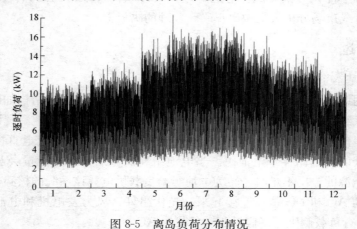

图 8-4　系统控制流程图

8.3.2.2　系统控制

因为只有一个储能系统，即电池组，所以该系统的控制相对简单。当净负荷（即实际负荷和可再生能源的输出之差）为负值时，这意味着由可再生能源提供的电力是足够的，多余的能量用于给电池组充电。而当净负荷为正值时，电池组将释放能量才能满足负载需求。该系统的运行策略如图 8-4 所示。

8.3.3　系统负荷和可再生资源

在本试验研究中，离岛上的日常基本负荷假定为每天 250kWh。通过增加一些随机性因素从而合成的逐日、逐月负荷情况以及获得一个比较合理的年负荷分配。将不同月份的逐时负荷分布绘制于图 8-5。

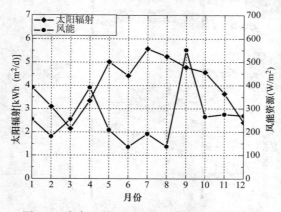

图 8-5　离岛负荷分布情况

我国香港天文台 2009 年在该岛上记录的气象数据（包括太阳辐射，风速和环境温度）如图 8-6 和图 8-7 所示。图 8-6 为逐月的平均太阳强度和风能资源。通过观察该图可以看

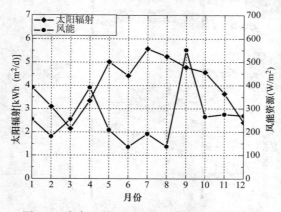

图 8-6　离岛上的可再生能源分布（逐月变化）

出两种资源在时间上具有互补性，在夏季，太阳能资源丰富，但是风力明显不足，而冬天则相反。此外，图 8-7 显示了两种自然资源在一天当中的互补特性，风大时，一般光线不足，反之亦然。这些数据表明，与单一使用一种自然资源相比，太阳能和风能一起可以提供能源的利用率，从而减少系统对于储能系统的需求。

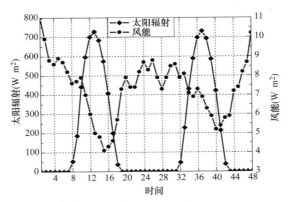

图 8-7　离岛上的可再生能源分布（逐日变化）（2009 年 1 月 1～2 日）

8.3.4　系统组件信息

8.3.4.1　PV 组件

光伏板型号为 STP210-18/Ud，制造厂商为尚德公司。该光伏组件的基本信息汇总于表 8-2。光伏组件的额定功率是 210W，在标准测试条件下（STC）的效率为 14.3%。

在本次试验设计中，考虑到市场上光伏组件价格下降的趋势，光伏组件的初投资成本假设为 2.0/Wp（包括光伏组件造价和安装成本）。更换成本假设于初始成本相同。考虑到维修成本较低，操作和维护（O&M）成本忽略不计。

光 伏 组 件	参 数
生产厂商	尚德 Suntech
型号	STP210-18/Ud 多晶硅
标准测试条件的最大功率点（P_{max}）	210W
开路电压（V_{mp}）	26.4V DC
短路电流（I_{mp}）	7.95A
尺寸(mm)	1482×992×35
太阳能电池数量	54(6×9)
购置价格	2000 美元/kWp
更换价格	2000 美元/kWp
运行维护费用	0 美元/Wp
减额因子	80%
安装角度	22.3
使用寿命	25 年

光 伏 组 件 参 数　　　　　　　　　表 8-2

光伏组件的发电量（kWh）计算基于以下方程：

$$P_{PV} = f_{PV} \cdot Y_{PV} \cdot \frac{I_T}{I_S}$$ (8-10)

式中　Y_{PV}——光伏阵列功率（kW）的额定装机容量；

　　　I_T——太阳能组件表面的太阳辐射量，kWh/m^2；

　　　I_S——取 $1000W/m^2$；

　　　f_{PV}——PV 的减额因子，是对影响光伏组件发电量的所有因素的综合，如灰尘的堆积，过高的操作温度等。本书取减额因子为 80%。

8.3.4.2　风力发电机

风力发电设备选用 Proven 11（也称为 KW6）。此风力发电机的基本信息列于表 8-3，表中信息均由经销商提供。

风力发电机信息　表 8-3

生产厂商	Proven/Kingspan Renewables Ltd.
型号	Proven11(KW6)
额定输出	5.2kW
最大输出	6.1kW
参考年电力输出	8,949kWh(5m/s,10m hub)
输出电压	48V DC/300V DC
切入速度	3.5m/s
切出速度	N/A
可接受的最大风速	1 等设计(70m/s)
中心轮毂高度	9m/11.6m/15m/20m
购置价格	27658 美元
更换价格	27658 美元
运行维护费用	500 美元/年
使用寿命	20 年

基于制造商提供的功率曲线，可以计算风力发电机在任何风力下的输出功率：

$$P(v) = 5.5 \times e^{(\frac{v-13.8}{4.6})^2} + 2.2 \times e^{(\frac{v-9.15}{3.5})^2}$$ (8-11)

8.3.4.3　电池组件

深循环电池广泛用于离网型的可再生能源系统。仿真软件中已经包含了 Hoppecke 电池的数据，如表 8-4 所示。

电池组件参数　表 8-4

生产厂商	Hoppecke
额定容量	3000Ah
额定电压	2V
双向效率	86%
最大放电深度	70%
全生命周期输出	10196kWh
购置价格	1644 美元(10383 元)
运行维护费用	10 美元/年

8.3.5 模拟结果分析

根据当地气象数据和负载情况，HOMER 软件对数千种配置方案进行了仿真模拟，然后计算最后的系统生命周期成本，根据成本的高低选择最佳的系统配置。系统的在 HOMER 软件中的结构如图 8-8 所示。HOMER 软件计算表明，系统的最佳配置为：光伏组件（145kW）、风力发电系统（2 个，10.4kW）、电池组（144 块，6 组，共 706 千瓦）和逆变器（6 个，30kW）。在下面的章节中将详细讨论仿真和灵敏度结果。

8.3.5.1 系统组件运行概要

该系统组件（太阳能电池板、风力涡轮机和电池组）的运行参数和经济性分析汇总于表 8-5 中。可以看出，由于能源浪费较多，光伏阵列和风力机组的有效利用率相对较低。光伏系统和风力系统的平准化成本（Cost of Energy，COE）分别为 0.128 美元/kWh 和 0.2 美元/kWh。因为唯一的充电来源是光伏系统和风力发电系统多余的能量，所以电池组的能源成本是零。然而，由于高达 30％ 的 COE 是电池损耗成本达到 0.174 美元/kWh。由于与 PV 组件相比电池的成本较

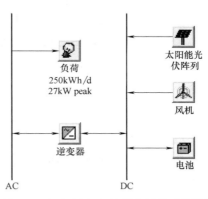

图 8-8　在 HOMER 软件内部的系统结构

高，这就使得有些最终用户可能会降低或丢弃的储能装置，而增加更多的可再生能源发电系统。然而，这样的做法，无疑会导致大量的能量浪费。

模拟年内的组件运行汇总　　　　　　　　　　　　　　　　　　　表 8-5

参　数	数据	单位	参　数	数据	单位
1. 光伏组件			3. 电池		
额定功率	145	kW	电池数量	144	
平均输出	20	kW	并联的电池串	6	
功率因子	14	％	额定储能容量	605	kWh
总输出	177882	kWh/a	系统自满足时间	58.1	h
年运行小时数	4392	h/a	总输出	1468224	kWh
平准化成本	0.128	美元/kWh	输入电量	37829	kWh/a
2. 风机			输出电量	32561	kWh/a
额定功率	10.4	kW	电池损耗	0.174	美元/kWh
平均输出	3.4	kW	寿命	20	a
功率因子	32.5	％			
年运行小时数	7688	h/a			
总输出	29584	kWh/a			
平准化成本	0.2	美元/kWh			

光伏组件和风力发电机组的逐月发电量绘制于图 8-9。从图中可以看出，在能量产出方面，太阳能系统占绝对优势，其产能占总产量的 86％，特别在夏季（7～10 月），太阳能发电量非常高。这种特性是很受欢迎的，因为在同一季节，由于冷负荷的增加，整个耗电量也是很大的。相比之下，风能的贡献只是在 4 月和 9 月显著，但在其他月份较少。

电池组的充电状态（State of Charge，SOC）仿真结果如图 8-10 所示，可以看出 SOC

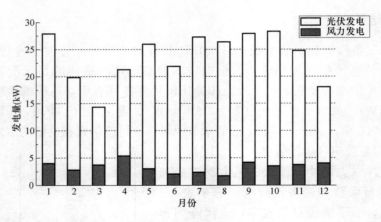

图 8-9 逐月太阳能和风能产量分布

值在 90％～100％之间的时间约占总时长的 74％。在超过 90％的时间，电池 SOC 高于 80％，这些数据表明，该电池组在大部分时间不是深度放电的过程。计算结果同时也详细给出了在模拟年内每小时电池组的 SOC 数据分布。从中可以看出，大部分时间电池的 SOC 较高。数据显示仅有两个月有深度放电的发生：分别在 3 月和 8 月，SOC 最低值分别为在 35％和 30％，平均为 65％和 76％。这种现象可能是由于在 3 月份风能和太阳能资源匮乏，而在 8 月份较高的冷负荷下需要较高的能量需求。这说明必须有足够的电池容量来满足这两个月的能源供应，以确保可以持续稳定地向负载供电。从另一方面可以看出，如果在某些极端天气下满足允许少量的负荷可以不满足，那么蓄电池组的容量可以大大减小。

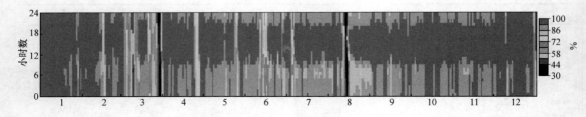

图 8-10 模拟年内的充放电彩虹图

8.3.5.2 系统成本分解

系统生命周期成本详解如图 8-11 所示，上述系统的初始投资成本（Initial Cost，IC）和总净现成本（Total Net Present Cost，NPC）分别是 608932 美元和 693114 美元。而相应的能源平准化成本（Cost of Energy，COE）为 0.595 美元/kWh。这一价格相当于我国香港地区现在电价的 3 倍。然而，与使用柴油机发电或者铺设海底输电线路相比较，这仍然被认为是最佳的解决方案。

从图 8-11 可以看出，电池组的成本接近总成本的 50％。这表明，在一个离岛型混合式可再生能源系统中，电池组件所需的费用占主导。光伏组件的投资占系统全部投资的 36％，而风力发电系统的投资成本只占总投资的大约 10％。成本最低的设备为逆变器，只占总投资的 5％左右。

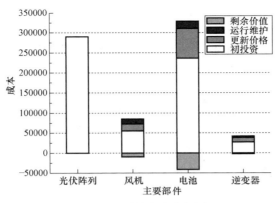

图 8-11　系统成本分解图

8.3.5.3　能量平衡分析

图 8-12 为整个系统的能量平衡图。光伏系统能量产出占可再生能源总产出的 84％，而风力发电系统的能源贡献占 16％。然而，近 48.6％ 的能量产出的是多余的，不得不被作为多余能源浪费掉。应当指出，这些多余的可再生能源，不会被用负载使用也不会被存储于储能设备。在所有被利用的能源中（106583kWh），85.6％ 被最终用户消耗，4.9％ 是损失在电池充放电过程中，9.5％ 是损失在逆变器的工作过程中。

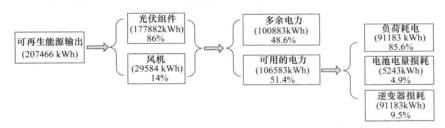

图 8-12　模拟年内的能量流通示意图

8.3.5.4　逐时模拟结果

系统连续运行 4d 的逐时仿真结果绘制于图 8-13。在该系统中，当可再生能源的实际发电量大于用电设备的实际用电量时，多余的能量会被电池组吸收掉，再多余电力就会被

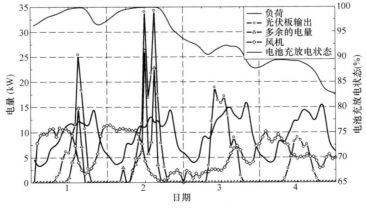

图 8-13　4d 内的逐时模拟结果（3 月～4 月）

释放掉。

在 3 月 1 日和 2 日这两天，太阳能和风能资源充足，足以应付负载需求。因此，下午会有过剩能量产出。值得注意的是，即使在电池 SOC 还没有达到 100％时，有几个小时富余能量并没有完全转移到电池组。这是由电池动力学模型决定的，因为它不仅受制于所允许的最大充电速率和所选择的电池类型，同时还依赖于电池的充放电历史。在最初的两天，电池组反复经历充电和放电过程，SOC 数值一直保持在较高水平，而在第三天和第四天，由于太阳辐射强度下降，SOC 开始下降。从数据中不难看出，SOC 在第四天经历最低值为 82％，但仍比允许的最小 SOC 要高得多。

可以看出，在整个模拟期间，当可再生系统的能源输出无法满足用户需求时，系统开始消耗电池所存储的能量。

8.3.5.5 系统灵敏度分析

如上所述，在本试验中，每天的负载功率假定为 250kWh。通过实际调查得知，离岛上的每天的实际符合需求在 150～400kWh 之间。

不同设计额定负荷下的最优系统配置如表 8-6 所示。随着设计额定负载的增加，光伏系统容量、风力发电机组数量、电池数量以及逆变器容量都迅速增加。从中可以看出，太阳能风能互补发电系统的 COE 在 0.59～0.61 美元之间波动。

不同设计负荷下的最优系统配置 表 8-6

每日负荷 （kWh）	光伏组件 （kW）	风机数量	电池组	逆变器 （kW）	系统总成本 （美元）	平准化成本 （美元/kWh）	多余电量 （％）
150	130	1	2	20	420266	0.601	63.3
200	110	2	5	25	568542	0.610	48.3
250	145	2	6	30	693114	0.595	48.6
300	235	2	5	35	831823	0.595	59.7
350	210	3	8	40	970099	0.595	50.6
400	245	3	9	50	1101312	0.591	50.8

8.4 风光互补发电系技术的应用实例

为了更好地了解风光互补系统的运行性能，在本节中选取了一个位于我国澳门国际机场附近的 1.6kW 风光互补系统进行具体案例进行分析和研究[4]。这套系统已经运行 10 余年，通过对系统中的太阳能光伏发电子系统、风力发电子系统和蓄电池组的测试数据和数值模拟结果的比较分析，全面评估了该系统的综合运行性能。同时，也发现了系统运行中存在的一些问题。最后，根据系统实际运行情况和存在的问题，提出了相关建议。

8.4.1 风光互补发电系统实际案例介绍

本章研究的 1.6kW 风光互补发电系统主要由一个 600Wp 光伏阵列，一个 1000W 风力发电机和一个 600Ah/24V 的蓄电池组组成。系统负载包括一个额定功率为 47W 的 LP-50A 抽气泵和 8 个额定功率为 5W 的交流灯泡，总负载为 87W。

8.4.1.1 太阳能光伏发电系统

如图 8-14 所示，太阳能光伏阵列由 6 块额定功率为 100Wp 的多晶硅组件组成，总功率为 600Wp。该光伏阵列以南向 45°倾斜角安装。图 8-15 给出了光伏阵列各组件之间的连接示意图。根据蓄电池的充电电压值（24V），将两个组件串联连接形成一个子串，然后将这 3 个子串并联形成整个光伏阵列。旁通二极管和阻塞二极管的主要作用是减少阴影遮挡对系统性能的影响以及防止夜间电流从蓄电池倒流到组件。

图 8-14　系统中的太阳能光伏阵列

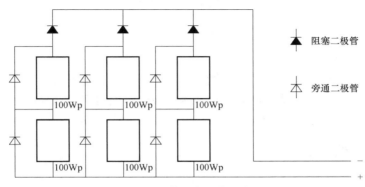

图 8-15　光伏组件连接示意图

8.4.1.2　风力发电系统

风力发电系统主要由 1 台 Aurora 公司生产的 1000W 风力发电机组成，型号为 AU-1000。表 8-7 给出了该型风力发电机的具体技术参数。该风力发电机的最大许可风速为 55m/s。图 8-16 给出了风力发电机运行和静止时的情况。为了防止超强台风的破坏，该风力发电机的安装高度并不高，轮毂安装高度约为 6m。另外，由于受安装地点的条件限制，该风力发电机安装在岛屿的东南面，因此可能不能充分利用盛行的西北风资源。

AU-1000 型风力发电机技术参数[4]　　　　　　　　　　　　　　　表 8-7

基本技术参数	型号 AU-1000
3 个旋转叶片的长度（m）	1.06
额定能量输出（kWh/月）	222
（平均风速）	（5.4m/s）
额定功率（W）	940
额定风速（m/s）	10
切入风速（m/s）	2.8
切出风速（m/s）	10.5
最大发电电流/电压（A/V）	35/29
标准输出电压（V）	24
螺旋桨与中部位置的距离（mm）	108
发电机重量（kg）	18

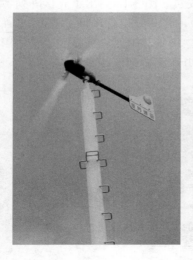

图 8-16　运行中和静止时的风力发电机

8.4.1.3　蓄电池组和卸荷器

蓄电池组由 6 个铅酸电池组成，每两个蓄电池串联成子串，然后将 3 个子串并联组成蓄电池组。每个电池的容量为 100Ah，电压为 12V，蓄电池组的总容量为 600Ah，额定充电电压为 24V。卸荷器载由 4 个电阻组成，总容量为 3kW，如图 8-17 所示。

图 8-17　卸荷器（电阻负载）

8.4.1.4　逆变器和控制器

光伏阵列输出的电能为直流电，而风力发电机输出的则是交流电，因此需要先将风力发电机输出的交流电转变为直流电，然后再用一个逆变器将光伏直流电和风力直流电转变为与电网相同频率和相同电压的交流电。在整个过程中，控制器的作用就是合理控制各种能量的分配。风光互补发电系统产生的电能首先满足用电负载的需求，多余的能量储存在蓄电池中，如果还有多余的能量则被卸荷器（电阻）消耗掉。系统中使用的逆变器型号为 ASP TC13/24[6]，如图 8-18（左）所示，该逆变器的额定功率为 1300W。表 8-8 给出了逆变器的技术参数。图 8-18（右）所示为风光互补系统控制器。

ASP TC13/24 逆变器技术参数　　　　　　　　　　　　　　　　表 8-8

技 术 参 数		型号 TC13/24
额定功率（20℃）		1300W
不同容量下的效率	150W	92%
	400W	93%
	800W	92%
	1300W	90%

技 术 参 数	型号 TC13/24
名义输入电压	24V
输入电压范围	21～32V DC
名义电流	55A
截止电压	21～18V DC
名义输出电压(交流输出电压)	(正弦波)225V AC ±2%
名义输出电流	5.2A AC
输出频率	50Hz±0.5%
无负载时功耗(225V AC)	10W
工作温度范围	0～50℃
尺寸(mm)	320×456×211

 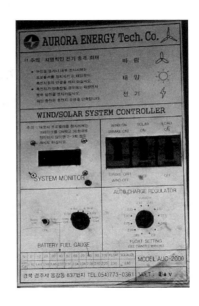

图 8-18　逆变器（左）和控制器（右）

8.4.2　数据采集系统

为了采集整个系统的各种性能数据，开发了一个数据采集系统。数据采集系统主要有如下功能：首先，通过传感器记录系统的各种电压、电流信号以及环境气象参数；其次，信号处理单元将输入的信号转换为可以被数据采集系统识别的信号；最后，用于数据采集的电脑处理并记录相关数据，重要的参数（如发电量）将被实时显示在液晶展示板上。图 8-19 给出了风光互补系统数据采集的原理示意图。

数据采集系统所使用的设备及其相关参数列于表 8-9 中。测量参数包括：光伏组件的电压和电流、风力发电系统的电压和电流、蓄电池组的充放电电压和电流、光伏组件的入射太阳辐射、风力发电机轮毂高度的风速以及光伏组件周围的环境温度。

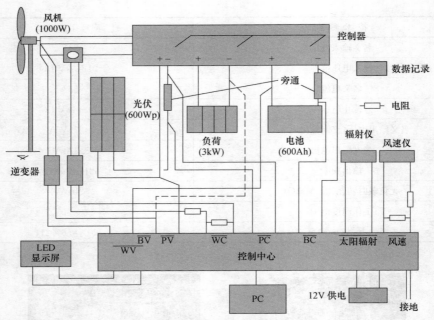

图 8-19 风光互补数据采集系统示意图

数据采集系统的设备清单与相关参数 表 8-9

序列	设 备 名 称	数量	功　　能
1	风速仪	1	测量轮毂高度的风速
2	太阳辐照计	1	测量太阳辐射
3	感应线圈	1	测量风力发电机的交流电流
4	整流器	2	分别用于风力发电机的交流电压和交流电流
5	旁通	2	测量光伏系统和风力发电机的电流
6	LED 显示屏	1	显示测量数据
7	12V 直流电源	1	蓄电池组
8	温度传感器	1	测量环境温度
9	电脑	1	处理并记录数据
10	信号处理单元	1	采集并处理数据信号
11	软件	1	通讯及控制
12	电阻	—	信号转换

8.4.3　系统运行结果与分析

数据采集系统每 4min 对系统的所有试验数据进行采集与储存。采集的气象数据，比如光伏组件入射面的太阳辐射、环境温度、风速等将被作为边界条件输入数值模拟进行模拟。下面将主要针对 2003 年 6 月 21 到 23 日的测试和模拟数据进行分析和研究。

8.4.3.1　风力发电系统

数据采集系统记录了风力发电机轮毂高度的风速，以及输出的交流电压和电流值。风

力发电机输出的功率可由下式进行计算:

$$P=\frac{\sqrt{3}}{2}\cdot V\cdot I \tag{8-12}$$

图 8-20 给出了 6 月 21~23 日的风速分布以及风力发电机的功率输出值。在这三天中，风速的分布非常随机，0~11m/s，时刻都在变化。总体来看，第二天的风力资源比较好，全天测量的平均风速约为 6.32m/s，而最后一天的风力资源比较差，平均风速只有3.14m/s。

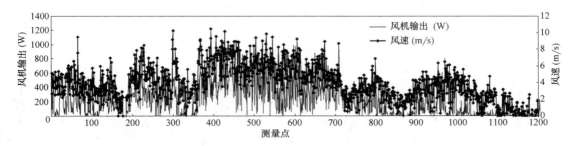

图 8-20   风速分布与功率输出（2003 年 6 月 21~23 日）

同样的趋势也表现在功率输出曲线中，因为除了风力发电机自身的运行性能外，其输出功率的大小主要受风速的影响。当风速小于风力发电机的切入风速时，发电机的输出功率为零，只有当风速大于切入风速时，风力发电机才能输出能量。风力发电机的功率输出范围为 0~998.58W，第一天的平均功率输出为 205.2W，第二天为 398.42W，第三天为 87.09W。

图 8-21~图 8-23 分别对比了这三天中风力发电机的实际功率输出值与数值模拟的功率输出结果。从对比结果可知，模拟的结果与实际测试的结果吻合得比较好。但是在一些功率输出的极值点和功率急剧变化的点，模拟值和测试值存在一定的差异。这些问题主要由如下原因导致：风向的随机性、风速的随机性、风力发电机的滞后效应以及风速仪的滞后效应。此外，数据采集系统和相关设备的精度也会导致一定的误差，虽然这些设备在安装之前都已经进行了校准。对比的结果验证了模型的可行性和数据采集系统的正确性，同时也证明了风力发电机的正常运行性能。但是，对比结果也给风力发电机的安装带来了一些启示和建议。首先，由于风力发电机安装在山的东南侧，复杂的地形导致在没有准确的风力数据的情况下很难预测风力发电机全年的能量输出性能。另外，风力发电机应该安装在风力资源更好的位置，比如西北方以产生更多的能量。

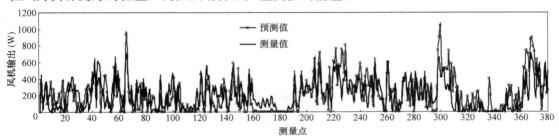

图 8-21   模拟与测试的功率输出值对比（2003 年 6 月 21 日）

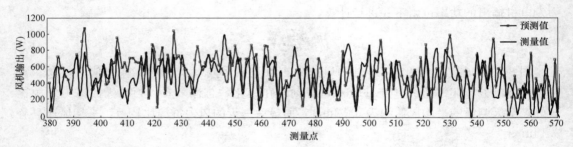

图 8-22　模拟与测试的功率输出值对比（2003 年 6 月 22 日，第一部分）

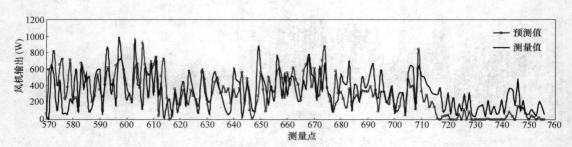

图 8-23　模拟与测试的功率输出值对比（2003 年 6 月 22 日，第二部分）

三天的测试数据验证了数值模型和数据采集系统的准确性。由于风速和风向的随机性，模型预测的结果也存在一些问题。风力发电机运行时，三个叶片都需要调整到风向位置，相比风速仪，风力发电机叶片调整到风向位置的时间会比较长，因此会导致输出功率一定程度的滞后，从而带来测试和模拟结果的误差。另外，由于风向的影响，仅使用当地风速数据无法准确预测风力发电机的能量输出。因此，预测模型应该同时考虑风速和风向的影响，然而目前还没有类似的模型可以使用。同时，也很少有生产商会提供风力发电机随风速风向变化的运行资料和数据。为了更加准确地模拟系统的瞬时功率输出，数据采集系统需要以更短的时间间隔来同时采集风速和风向数据。

8.4.3.2　光伏发电系统

数据采集系统采集了光伏组件的入射太阳辐射、环境温度以及光伏系统的瞬时输出功率，图 8-24 给出了以上参数从 6 月 21 日到 23 日的测试值。第一天天气比较差，最大入射太阳辐射为 430W，第三天天气非常好，最高入射太阳辐射达到 882W，相应的功率输出为 170W。从图中可以看到，太阳辐射剧烈波动，相应的输出功率波动也非常大。虽然相比风速来说，太阳辐射要相对稳定，但是由于云层的影响，太阳辐射值也时刻发生变

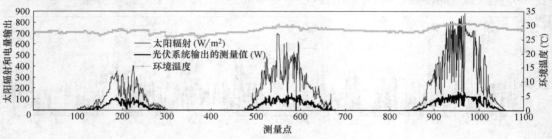

图 8-24　环境温度、入射太阳辐射以及组件瞬时功率输出（2003 年 6 月 21 到 23 日）

化。由于光伏系统的功率输出与获得的太阳辐射紧密相关，所以随着太阳辐射的变化，输出功率也相应变化。

光伏系统的功率输出主要受太阳辐射、组件运行温度以及组件自身性能的影响。图8-25 给出了功率输出的模拟值与实际测量值的比较。可以发现模拟的结果比实际测量的结果要高，特别是当太阳辐射比较好的时候。在这三天中，实际测量的功率输出值只有模拟结果的 57.23％。图 8-26 给出了 6 月 23 日测试结果与模拟结果的对比，可以看出，模拟的结果要比测试结果高很多。因此，以 57.23％ 作为修正系数对光伏系统模型进行修正，并重新比较了测试结果和模拟结果，如图 8-27 所示。可以发现，模拟结果与实际测试结果吻合得比较好，但是当太阳辐射强的时候，仍然存在一定的误差。

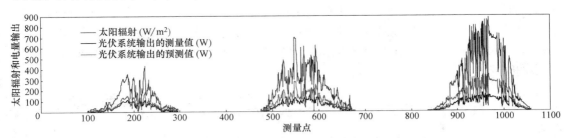

图 8-25　光伏系统实际输出功率与模拟输出功率比较（2003 年 6 月 21 到 23 日）

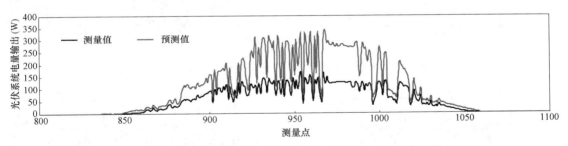

图 8-26　光伏系统实际输出功率与模拟输出功率比较（2003 年 6 月 23 日）

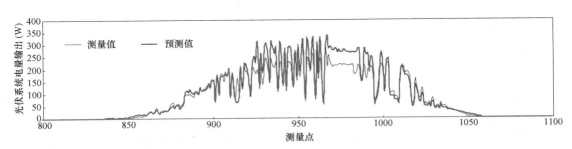

图 8-27　光伏系统实际输出功率与修正后的模拟输出功率比较（2003 年 6 月 23 日）

检查发现，组件自身存在很多问题，比如部分 EVA 已经明显老化，有些电池之间的金属连接线已经断裂。由于光伏组件自身性能比较差，导致实际测量的功率输出值大大小于模型预测值。组件在标准测试条件下的真实功率输出值比组件的额定值要低得多。在这种情况下，为了评价系统的整体性能，不得不使用修正系数对模型进行修正。

根据上面的分析结果，在对模型进行修正之后，模拟值和测试值吻合的比较好，但是当太阳辐射比较强烈时，二者存在一定的误差。导致出现这种误差的主要原因就是组件自身性能严重衰退。因此建议在系统运行中，应该定期对系统的运行性能进行检查，以确保光伏系统工作在正常状态下。

8.4.3.3 蓄电池组

数据采集系统记录了蓄电池组的电压和电流值。蓄电池组的充、放电功率可以通过计算电压和电流值的乘积得到。正值表示充电过程，负值代表放电过程。同样，根据 6 月 21 日到 6 月 23 日的测试数据对蓄电池的充、放电性能进行分析。

图 8-28～图 8-30 分别给出了这三天的蓄电池充放电状态，包括终端电压、充放电功率。由于充电过程的随机性，充电过程中电压波动很大，特别是当风力发电机输出功率突然变化时会导致蓄电池组的充电状态剧烈变化。相比负载，蓄电池组的容量相对很大，因此蓄电池组的放电过程比较稳定，电压缓慢下降。在这三天中，电压范围保持在 21.1～36.2V 之间。最大的电压出现在充电电流比较大的时候，也就是太阳能和风能发电都比较多的时候。

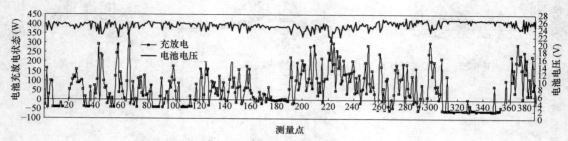

图 8-28　蓄电池组电压与充放电状态（2003 年 6 月 21）

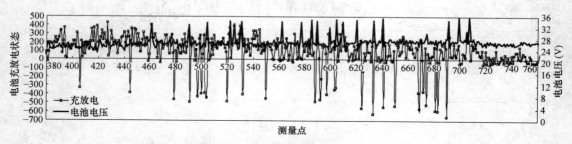

图 8-29　蓄电池组电压与充放电状态（2003 年 6 月 22）

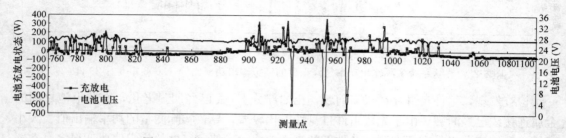

图 8-30　蓄电池组电压与充放电状态（2003 年 6 月 23）

从测试结果可以发现，电压与充放电状态之间存在不一致。当输出或输入功率比较稳定时，蓄电池组的电压变化也比较稳定。测试的电压值与模拟值之间存在一定的误差。导致误差的原因主要有两个：一是风力发电机功率输出的瞬时改变；二是光伏系统和风力发电机的电压变化影响。特别的，风力发电机输出功率和输出电压的突变会对蓄电池组的电压造成严重影响。此外，由于测试数据的采集间隔为 4min，在这一时间间隔内，风速和风向都可能发生了剧烈变化，因此也导致模拟值与测试值之间的误差。更小的数据采集间隔可以使模型能够更加准确地模拟风光互补系统的发电性能。

风光互补发电系统每天的输出功率不同，因此蓄电池组每天的充电功率也变化很大。系统优化设计的最大充电功率约为 1400～1500W，但是实际上在这三天中最大的充电功率仅有 423.95W。

从 6 月 21 日和 23 日的数据可以看出，当同时没有风能和太阳能的时候，蓄电池组为负载提供电力。对负载的放电功率大约为 45～50W，这一功率值与抽气泵的额定功率值基本相当，因为这三天中，灯泡负载没有使用。6 月 22 日出现了一个比较特别的现象：当经过一段时间的快速充电之后，蓄电池组释放部分能量到卸荷器以防止出现过充。释放的能量高达 660.02W，但是由于备用负载功率为 3kW，所以这个放电过程在短时间内就完成了。

在这三天中，蓄电池组的充电能量比放电能量多 3.07kWh。除了蓄电池组本身需要消耗一部分能量外，蓄电池组的自放电也会浪费掉一部分能量。

此外，还对功率输出与蓄电池运行状态之间的关系进行了分析。以 6 月 21 日为例，如图 8-31 所示，对功率输出的主要影响来自风力发电系统。由于光伏系统的实际发电量远远小于预期值，所以光伏系统对风光互补系统的功率输出的影响不大。蓄电池组的充放电状态主要由风力发电系统控制。在整个复合系统中，风力发电机贡献的能量占总能量的 90.91%。

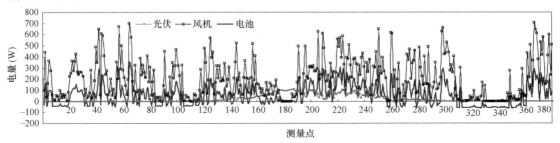

图 8-31　风力和太阳能功率输出与蓄电池组的充放电状态（2003 年 6 月 21 日）

如图 8-32 和图 8-33 所示，蓄电池组的充放电状态变化趋势与风光互补发电系统的总功率输出变化趋势非常一致。同时，蓄电池组也存在两个问题。首先，当风光互补发电系统的输出功率很高时，蓄电池组的实际充电速率明显低于预期的充电速率。另外，蓄电池组的自放电现象严重，导致很大一部分能量损失。造成第一个问题的原因是长期使用后的蓄电池组已经无法完全充满电力，充电达到一定状态后，蓄电池的高电压将进一步抑制充电电流，从而导致实际充电速率要远远小于理论预期值。图 8-34 很清楚地给出了第一个问题的成因。图 8-28 和图 8-29 说明了第二个问题的存在。虽然无法计算出电压对充电速率的具体影响，但是可以明显看到突然出现的高电压导致蓄电池自放电的现象。当蓄电池电压比较低的时候，风光互补发电系统输出的功率与蓄电池的充电功率之间仍然存在较大的差异。

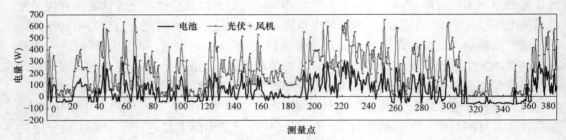

图 8-32　风光互补系统功率输出与蓄电池组的充放电状态（2003 年 6 月 21 日）

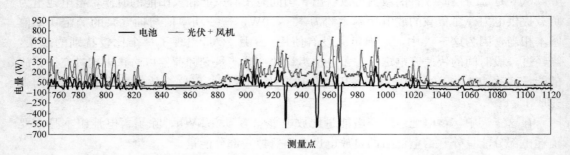

图 8-33　风光互补系统功率输出与蓄电池组的充放电状态（2003 年 6 月 23 日）

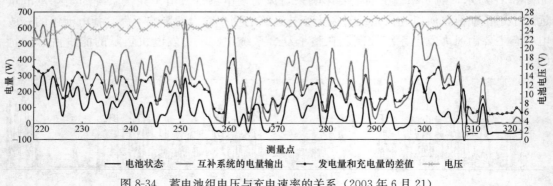

图 8-34　蓄电池组电压与充电速率的关系（2003 年 6 月 21）

　　根据三天的测试数据和理论模拟结果，对蓄电池组的充放电运行状态进行了分析。由于充电过程的随意性以及充电电流的突变，导致充电过程中蓄电池的端电压波动比较大。预测的蓄电池电压值与测试值差别较大。这一差异主要是由于风力发电机输出功率的突变以及外部电压的变化导致的。为了更加准确地预测蓄电池的充放电状态，数据采集系统的采集间隔应该尽可能小。

　　蓄电池组充电过程中，实际的充电功率要比预计的充电功率小得多。这主要是由于蓄电池组长期运行后性能退化导致的。此外，当蓄电池组电压很高，并且充电速率比较快时，蓄电池组往往会出现自放电现象。

8.4.4　小结

　　为了更准确深入地了解实际风光互补发电系统的运行性能，选择了一个 1.6kW 的小型系统进行了案例分析和研究。根据测试数据和理论模拟结果，对光伏发电子系统、风力发电子系统以及蓄电池组的性能进行了研究。

总体来说，风力发电系统的模拟值与实际测量值吻合得比较好，但是也存在一些差异。导致这些差异的主要原因包括：风速和风向的随机性、风力发电机与风速仪的灵敏度以及滞后性。测试与模拟结果对比发现，仅仅使用当地风速无法准确预测风力发电机的瞬时功率输出，因为功率输出还受风向变化的影响。因此，数据采集系统不仅需要采集风速数据，也需要采集风向数据，并且数据采集的间隔应该越小越好，因为风速和风向时刻都在变化。此外，风力发电机模拟模型中应该加入风向的影响，从而更好地预测系统的瞬时发电量。

光伏系统的功率输出模拟结果与测试结果吻合得比较好，但是当太阳辐射比较大时，两者会存在较大的差异。实际测量的系统功率输出只有理论模拟结果的 57.23%。由于许多不可预知的因素，如组件自身存在性能严重衰退，光伏系统的实际发电量会远远小于理论预测值。因此，应该根据测试结果对模型进行适当的修正，然后再使用修正后的模型来模拟系统的发电量。

根据对蓄电池组的测试数据进行分析发现，蓄电池组的实际端电压与预测值，以及实际充电速率与预测值之间都存在较大差异。这些差异主要是风力发电机输出功率的突变以及外部充电电压的影响导致的。此外，蓄电池组长期使用之后的性能退化导致其实际充电功率要远远小于理论预期值。当蓄电池组电压很高，并且充电速率比较大时，往往会导致自放电现象的发生。

本章参考文献

［1］ 周志敏，纪爱华等. 风光互补 LED 路灯设计与工程应用［M］. 北京：中国电力出版社，2012.

［2］ 马涛，杨洪兴，吕琳琅. A feasibility study of a stand-alone hybrid solar-wind-battery system for a remote island［J］. Applied Energy，2014，121：149-158.

［3］ 马涛，杨洪兴，吕琳. Study on stand-alone power supply options for an isolated community［J］. International Journal of Electrical Power & Energy Systems，2015，65：1-11.

［4］ 吕琳. Investigation on Characteristics and Application of Hybrid Solar-Wind Power Generation Systems［J］. 香港：香港理工大学，2004.

［5］ Aurora Energy co. Ltd. Wind Turbine System Basic Manual（1kW to 3kW System.），2002.

［6］ Advanced Solar Products AG CH-8637 Laupen/ZH Switzerland. TOP CLASS ASP Sinewave Power-Instructions for Installation and Operation，1996.

第9章　太阳能—风能互补发电技术的经济环境效益和市场前景分析

太阳能与风能均为可再生能源，利用其发电符合节能及环保的要求，虽然二者受环境及地域的影响属于不稳定能源，使用单一能源发电受到自然条件的制约，但二者具有较好的互补性，可使其取长补短，能向电网提供更加稳定的电能，从而保证整个发电系统的可靠运行。目前，光伏发电技术及风力发电技术日趋完善，为风光互补发电系统的推广应用奠定了基础，能源利用率得到进一步提高，实现了能源效益、经济效益及环保效益，有助于资源节约型和环境友好型社会的建设。为了促进风光互补发电系统的进一步发展，应进一步拓展风光互补发电系统的应用领域，积累风光互补发电的使用数据，在应用中逐步形成较完善的可再生能源技术支撑体系，为可再生能源的大规模开发和利用奠定基础。本章阐述了风光互补发电系统所实现的各种效益，采用绿色可再生能源是今后能源利用的重要方针，通过对能源效益、经济效益及社会环保效益的研究，体现了该系统的价值所在，反映了该技术利用的可行性及必然性。与此同时，对目前该技术存在的问题进行了认真客观的叙述，了解这些问题的特点可以进一步合理的改善该技术。随着风光互补发电系统的不断发展，本章也分析了其将来的应用前景，从而指明了该技术继续发展的方向。

9.1　风光互补发电系统的能源、经济及社会环保效益

9.1.1　能源效益

近年来我国经济不断发展，电力的消耗逐渐增多，其应用的紧张问题日益突出，利用绿色清洁的太阳能及风能替代传统能源是能源利用的一个重要战略方向，风光互补发电系统今后将大有可为。风光互补发电系统是大型风电和光伏发电的一种补充，随着技术进步和部件成本的降低，该系统的优势将随着市场的拓宽而逐步显现出来。目前风能、太阳能小型化综合应用系统在实践中已崭露头角。举例而言，风光互补道路照明是一个新兴的新能源利用领域，它不仅能为城市照明减少对常规电的依赖，也为农村照明提供了新的解决方案。目前我国城乡地区的路灯数量约为 2 亿盏，并且每年的增长速度约为 20%，如果将这 2 亿盏 400W 或 250W 高压钠灯全部改成 150W 或 100W 风光互补型的 LED 路灯，如果每盏路灯每天工作 12h，在 1 年内将节约 1500 亿度电[1]。根据相关资料，三峡水电站在 2010 年的发电总量为 840 亿度电。因此，全国 2 亿盏路灯全部改为风光互补路灯后，所节省的电量相当于 1.8 个三峡水电站 2010 年的全年发电量。目前，全球的环境在日益恶化，各国都在发展清洁能源。我国这些年来经济一直保持高速发展，但电力供应一直跟不上，同时，大量的火力发电厂也造成环境的污染。我国有丰富的风能及太阳能资源，路灯作为户外装置，两者的结合做成风光互补路灯，无疑给国家的节能减排提供了一个很好的解决方案。一套 400W 的常规路灯一年耗电超过 1000kWh，相当于消耗标准煤 400 多千克。若换成 1000 套照明效果相当的 150W 风光互补路灯，一年可间接节电上百万度，

节约标准煤达 400 多吨。"十二五"期间，节能环保行业将占据经济建设中的重要角色，风光互补路灯在城市道路照明行业中的发展前景十分看好。以上是以路灯系统为例，当然在其他适合的领域，充分利用风光技术也将有效的节约能源。

近些年来中国经济的持续高速发展带来了能源消费量的急剧上升。目前我国由能源净出口国变成净进口国，消耗的能源大于供给的能源，导致能源需求对外依赖的程度不断增大。以煤炭资源为例，我国的人均可采储量仅为世界平均水平的一半，已发现的煤炭资源勘探程度低，精查储量少，用于规模建设的资源供给能力不足。现有生产矿井后备资源不足。按目前开采水平，世界煤炭剩余储量可供开采 192 年，而我国仅可供开采 110 年。如果充分采用风能及太阳能，则可有效节省一次能源，我国可开发利用的地表风电资源约为 10 亿 kW，其中陆地 2.5 亿 kW，海上 7.5 亿 kW，如果扩展到 50~60m 以上高空，风力资源将有望扩展到 20~25 亿 kW。除此之外，我国的太阳能资源也十分丰富，据估算，我国陆地表面每年接受的太阳辐射能约为 50×10^{18} kJ，全国各地太阳年辐射总量达 335~837kJ/($cm^2 \cdot a$)，中值为 586kJ/($cm^2 \cdot a$)，西藏、青海、新疆、内蒙古南部、山西、陕西北部、河北、山东、辽宁、吉林西部、云南中部和西南部、广东东南部、福建东南部、海南岛东部和西部以及我国台湾的西南部等广大地区的太阳辐射总量很大。丰富的风能及太阳能资源为风光互补技术的应用提供了前提条件，也为节能效益的实现奠定了基础。

有专家测算，未来 10 年，推广风能、太阳能小型化综合应用，可带来 1.8 万亿元的市场空间，考虑到对其他产业的 GDP 拉动，其市场价值可为 GDP 增长贡献 0.39 个百分点。同时，通过风能、太阳能小型化综合供电系统在以上领域的应用，未来 10 年，可新增装机容量 600GW，发电量可达 6000 亿 kWh，可节约标准煤 22000 万 t，减少二氧化碳排放 60000 万 t。这一应用，将为我国节能减排事业和实现新能源、可再生能源的应用目标做出巨大贡献。

9.1.2 经济效益

风光互补发电系统可极大地提高经济效益，该系统共用一套送变电设备，使得工程造价降低；共用一批经营管理人员，提高了劳动效率，降低了运行成本。通过相应的实践经验来看，风光互补发电系统的初投资比传统供电技术要高，但运行维护成本较低[2]。其可移动性强，可在任何适当的位置安装，从经济成本的角度考虑，目前风能的发电成本与水力发电较接近，能达到 0.5~0.6 元/kWh[3]。而太阳能电池的价格也已经降低到用户可以接受的程度范围内。

2009 年我国一次能源消费量达到了 27.5 亿吨标准煤，六年的时间增长了 64%，我国对可再生能源法进行修订，设立了政府性质的可再生能源发展基金，建立了可再生能源发电全额保障性收购制度；以此加大风能、太阳能光伏等产业的扶持政策；2009 年财政部"光伏建筑"示范项目、"金太阳"工程等示范工程开始推进；江苏、江西、上海、北京、浙江、陕西、山东、河北、宁夏等许多省市出台了促进风光产业发展的具体政策，刺激着我国风光发电技术产业的快速发展。

我国属于季风气候区，在许多地区风能和太阳能有很好的天然季节互补性，适合采用风光互补发电技术，甚至在一些边远农村地区，风能资源比较丰富，而且太阳能资源也充足，互补发电是有效解决供电问题的途径。根据风力和太阳光的变化，通常有三种工作模式：风力发电机组单独向负载供电、光伏电池单独向负载供电以及二者共同向负载供电。如此一来，与单独的风力发电或光伏发电相比，风光互补发电系统可以获得比较稳定的输出，有较高的稳定性和可靠性[4]，保证同样供电时，可大大减少储能蓄电池的容量，很少启动备用电源如柴油发电机组等，有较好的经济效益。

下面将通过实例的对比来进一步说明风光互补发电系统的经济效益，针对单独的风力发电、太阳能发电以及二者互补发电，本章将首先结合在青海地区的一个实例来对三种发电模式进行对比分析[5]。风能、太阳能又都是不稳定、不连续的能源，单独利用，其性能价格比较低，为此有必要建立风光互补电站，而且当负载较大时，风电—光电可以有多种匹配，更易实现性价比的最佳化。三种供电方式的对比分析如表 9-1 所示，可以看出利用风能和太阳能互补发电，性能价格比高得多，发电品质也好。

三种发电模式的对比　　　　　　　　　　　　　　　表 9-1

	100W 风力发电机	100W 太阳能发电机	50W 风力发电机＋50W 太阳能发电机
实际年发电量(kWh)	329.86	279.6	290.85
年充电时间占有率	54.6%	36.6%	64%
整机寿命	10 年	20 年	20 年
蓄电池使用寿命	3 年	3 年	4～5 年
不连续供电成本	232 元/年	270 元/年	250 元/年
连续供电成本	949 元/年	1252 元/年	365 元/年
供电质量	较好	好	最好
环境保护	好	好	好

除此以外，可以通过路灯系统为例进行比较，以风光互补路灯与传统路灯相比较。风光互补路灯系统是一套独立的分散式供电系统，不受电力安装位置的影响，也不需要开挖路面做布线埋管施工，综合经济效益好。将风光互补路灯系统与传统路灯系统相比较，可反映出互补系统显著的经济效益，如果有 50 盏路灯需要安装，二者的对比情形如表 9-2 所示。

风光互补路灯与普通路灯的经济性比较（10 年评估期）　　　表 9-2

路灯类型	普 通 路 灯	风光互补路灯
路灯价格	每盏 6 千元,共计 6 千元×50＝30 万元	每盏 2 万元,共计 2 万元×50＝100 万元
安装费用	30 万元×10%＝3 万元	100 万元×10%＝10 万元
配套费用	(1)布纹管：60 元/m×2000m＝12 万元 (2)埋地电缆：140 元/m×2000m＝28 万元 (3)检查井：2500 元/m×13m＝3.25 万元 (4)挖沟回填：120 元/m×2000m＝24 万元 (5)配电设备：每盏 6200 元,共计 6200 元×50＝31 万元 (6)地基设施：每盏 480 元,共计 480 元×50＝2.4 万元	地基设施：每盏 500 元,共计 500 元×50＝2.5 万元

路灯类型	普 通 路 灯	风光互补路灯
维护费用	(1)耗电光源为250W钠灯,其功率为500W,每天工作12h,则每天耗电6kWh,如果每度电的价格为0.8元,则10年总共耗电所需要的电费为:6×10×365×50×0.8=87.6万元 (2)维护光源:1000元/盏×10次×50盏=50万元 (3)控制系统的部件更换费用为38万元 共计87.6万元+50万元+38万元=175.6万元	设备更换,更换2次蓄电池,每盏灯每次更换成本为2000元,共计2×2000元×50=20万元
安全性能	工作电压为220伏,250W的钠灯,性能稳定需长年维护,但遇洪涝灾害及阴雨天易发生触电事故,同时易受停电、限电影响而无法正常工作	工作电压为直流24V电源,功率为50~60W LED光源,安全、性能稳定,不发生触电事故
费用合计	309.25万元	132.5万元

通过表9-2可以看出,虽然风光互补路灯系统在安装费用及配套费用方面较高,但后续维护及使用费用较少,多付出的资金可在3年左右回收,因此其经济效益是可观的。以上数据是以路灯为例,在其他领域方面,风光互补发电系统的经济效益依然有目共睹,因为风能、太阳能属于天然可再生能源,取之不尽、用之不竭,而且该系统的使用寿命较长,因此尽管该系统的初投资较高,但运行维护费用要低于其他系统,可在一定时间内回收成本,随着该系统的继续使用,将不断的使经济效益扩大。

目前衡量风光系统的经济性指标包括寿命周期成本、年度平均成本和平准化能源成本,寿命周期成本指系统的总体成本,包括系统生命周期中的所有消费及残余价值。年度平均成本则指系统的某一项成本乘以资金回收系数。平准化能源成本表示发电系统的全部折算为现值的寿命周期成本与资金回收系数的乘积然后再除以系统的年发电能量。通过有关专家学者的研究,可知风光互补发电系统的经济性指标都达到能满意的要求[6]。

9.1.3 社会及环保效益

能源是人类社会得以生存和发展的基础,目前人类获得绝大多数能源式矿物燃料,如煤、石油等,但此类能源并不是可再生能源,随着这些能源的消耗,环境污染及温室效应的问题日益严重,当今世界上已将节约能源、保护环境作为主要的技术研究和科学发展的课题,使可再生能源的需求逐步增加。自然能源包括太阳能、风能、水能等,而地球能获得的太阳能相当于2亿个中型核电站的总发电量,太阳能和风能是自然界最普遍的资源,是取之不尽、用之不竭的可再生能源,可就地使用,风光互补发电系统是将太阳能和风能转化为电能的装置,该系统无空气污染、无噪声、不产生废弃物、不污染环境、不破坏生态[7],人类为使居住环境不再受污染,风能和太阳能将是今后世界能源的必然选择。常规能源煤、石油只能越开采越少,越来越紧张,开采越快,减少越快,对地球生态环境污染越严重。所以,世界各国都在寻找一种可替代常规能源,对环境无污染的可持续发展的新能源,风能太阳能新能源被首先列入开发计。

以煤炭、石油作为主要燃料的国家,已面临严重的环境污染,加上化石燃料有限储量减少的双重危机日益加深[8],开发利用新能源已经成为世界能源可持续发展战略的重要组成部分。风光互补发电系统可广泛应用于:道路照明、办公、住宅、企业、农业、牧业、种植、养殖业、旅游业、广告业、服务业、港口、山区、林区、铁路、石油、部队边防哨所、通信中继站、公路和铁路信号站、地质勘探和野外考察工作站及其他用电不便地区。

国家使用新能源的政策围绕"节能、降耗、减排"的显著特点，风光互补发电系统的应用成为政府大力提倡"绿色家园"建立标志性的观点景点，为建立"生态文明"、"循环经济"的模范城市增加亮点，更能提升绿色、环保的城市建设的形象和品位，能增强市民对高新技术新能源产品应用的意识，科普教育性的为带动地区经济的发展提供了诸多无形的价值，是政府在"节能、减排、循环经济、生态文明"工作上直观的体现。

充分利用风光互补发电技术，可以保持和改善生态环境，缓解能源紧张状态，优化能源结构，实现能源的可持续发展。虽然风光互补发电系统的初投资较高，但是从长远发展来看，其节约能源和环境保护的重要性不言而喻，有利于建立可持续发展的能源道路。与常规能源煤相比，风光互补每发 1kWh 电相当于 0.4kg 标准煤的发电量，若风光互补发电系统年发电量为 10000kWh，则相当于节省了 4t 标准煤。其减少的污染物排放量如表 9-3 所示[9]。

风光互补发电系统的环保效益 表 9-3

减排项目	排放系数	减排量(t)	单位减排效益(元/t)	减排效益总量(元)
CO_2	0.726	2.904	208	604
SO_2	0.022	0.088	1260	110
NO_x	0.01	0.04	2000	80
烟尘	0.017	0.068	550	37
合计				831

通过表 9-3 可见，采用风光互补发电系统后的减排效益，因为燃烧煤会产生 CO_2、SO_2、NO_x 和烟尘，当发电量为每年 10000kWh 时，产生的环保减排效益为 831 元，如果发电量越多，则环保效益就越明显，也有利于改善全球的气候和提高空气品质。

目前，在全国部分地区，由于地理位置及其他当地情况的原因，普通的市政供电无法满足当地居民的正常用电需求，因此风光互补模式是一理想的选择，满足居民的用电从而改善生活质量。风能及太阳能的利用充分调动当地资源以及人力物力，有利于该地区经济的发展，而可再生能源本身也是一个迅速发展的领域。对风能和太阳能的研究及开发，带动了一系列行业的发展，如生产制造业等，增加了就业机会，促进了经济增长，这些都是不可忽视的良好的社会效益。

风能、太阳能属于绿色能源，不破坏生态。在矿物被利用的过程中，必然释放出大量的有害物质，使人类生存的环境遭到破坏和污染。其他新能源中如水电、核电、地热发电在开发利用中，也都存在一些不容忽视的环境问题。但太阳能和风能在利用过程中不会给空气带来污染，也不会破坏生态，是一种清洁安全的能源。随着光伏发电技术、风力发电技术的日趋成熟及实用化进程中产品的不断完善，为风光互补发电系统的推广应用奠定了基础。风光互补发电系统推动了我国节能环保事业的发展，促进了资源节约型和环境友好型社会的建设。随着设备材料成本的降低、科技的发展、政府扶持政策的推出，该清洁、绿色、环保的新能源发电系统将会得到更加广泛的应用。

9.2 风光互补技术中存在的难度、问题及解决方法

太阳能—风能互补发电系统合理利用了风能与太阳能的互补性，具备诸多优势。但目前该技术在应用过程中亦存在了一些难度和问题，需要注意和重视。本书就其中的重点问题进行简要的阐述并就解决方法做出相应的探讨。

9.2.1 蓄电池的寿命问题

蓄电池的使用寿命是一个必须引起重视的问题。由于现阶段离网系统的储能方式主要是靠蓄电池，而蓄电池的使用寿命是风光互补发电系统中的重要一环。由于风光互补发电系统发电量与负载不可能保持一致，在发电量不足时必须提供足够电量，所以必须使用储能装置（蓄电池）。当运行状况和条件不利时，比如太阳能、风能资源波动很大，负荷极不稳定，则会使蓄电池的使用寿命受到影响，比如蓄电池组因天气原因长期处于亏电状态等情况出现时，蓄电池的寿命将会大大降低，因此一般离网系统的蓄电池需要每隔2~5年更换一次。同时，蓄电池的成本很高，如此便会大大提高运行成本，另外，蓄电池的使用和处置都会造成一定程度的环境污染。

要延长蓄电池的使用寿命，可采取以下采用连续浮充方式或者采用先进的充电控制系统。蓄电池组的运行方式主要有三种：循环充放电制、定期浮充制和连续浮充制。其中连续浮充方式的电池组使用寿命最高，可达循环充放电制的2~3倍。另外，由于蓄电池充电过程为非线性的，可采用智能控制方法来控制其充电过程。如模糊控制、自适应控制等。采用智能充电，不仅可实现过充保护和过放保护的基本要求，还可保证充电各阶段动作的及时性。

另外，也可以采取其他的储能方式代替蓄电池，比如传统的抽水蓄能、燃料电池或者混合储能方式（第5章中提到的超级电容蓄电池混合储能）。

9.2.2 经济因素

风光互补发电系统运行成本低，资源丰富，但初投资高，回收期长，如果没有政府补贴，这种互补发电方式还不具备与其他常规能源发电的竞争力。所以需要政府制定相关的扶持可再生能源发展的政策和实行相关的补贴措施。另一方面，虽然目前一些相关软件已经开发出来并可以模拟风力、光伏及其互补发电系统的性能，但由于这些软件的价格较高，使得该软件的商业机密性增强，很多研究及设计人员没有经济能力购买及使用，因此软件无法普及应用及推广，不利于风光互补技术的进一步研究及发展。

9.2.3 系统的管理和控制问题

风光互补发电系统与单一风力发电或光伏发电相比，系统设计复杂，对系统的控制和管理要求较高。由于风光互补发电系统存在着两种类型的发电单元，与单一发电方式相比增加了维护工作的难度和工作量，尤其是通信设计方面，整个系统是由若干独立单元组成的，为了使系统能够方便重组以及独立单元用于其他系统，这意味着整个并网系统既能成为一个整体，又能够分解为独立运行的拥有标准化接口的单元，因此对通

信设计的要求较高。控制系统的通信设计方面，通信协议需要进一步丰富，发展成为未来应该能适用于多种通讯方式的通信协议，尽可能多的兼容其他的通信协议，这样便于将来控制系统的功能的丰富和系统扩展，使新开发的数据采集或者数据控制设备很方便地接入现有的系统[10]。

在安装风光互补发电系统之前，要充分调研安装地区的光能和风能资源及当地负荷情况，选择合适的容量配比，使综合造价和投资最小。另一方面，风能和太阳能在时间上存在互补，这就要求我们能够控制这两种发电系统的能量输出，使其能够向负载输出最大功率。在此可采用最大功率点跟踪控制，即 MPPT 控制策略。这样就能充分利用风能和太阳能发电，使系统的效率提高，输出功率达到比较高的值。

9.2.4 能源输出的不稳定性问题

风能与太阳能受天气的影响，故其变化较频繁，两种能源的使用并不稳定。目前全世界对间歇式能源应用到常规电网中比较认可的一种看法是该能源的比重不能超过 20%（除非电网中有大量的水电或者抽水蓄能电站），否则，就有可能造成电网的运行困难甚至崩溃。另一方面，不同地区，太阳能、风能资源以及用电负荷情况有很大不同，如何评价系统及系统中主要部件的实际运行性能，进而对已安装的系统进行评估，最终给出不同地区最优系统设计方案是今后实施风光互补发电系统工程应解决的主要技术问题。

9.2.5 小型风力发电机的可靠性问题

小型风力发电机的可靠性问题是风光互补发电系统的一大障碍，大型风力发电机一般应用于风资源较丰富地区（因为该地区风速较高），而对于大多数地区而言，一般采用小型风力发电机。目前常用的小型发电机有水平轴发电机和垂直轴发电机两种，水平轴发电机不但维修不方便，而且要设调向装置才能保持风轮迎风，而垂直轴发电机维修方便且不需要调向装置。除此之外，水平轴发电机启动风速较高且叶片根部易折断，与此相比，垂直轴发电机启动风速较低且不易折断。目前市场上水平轴发电机占大多数，垂直轴发电机还未普遍使用。目前垂直轴风力发电机多在北美运行，若将垂直轴风力发电机引入风光互补发电系统，则可以使其结构得到简化，稳定性提高，使运行维护更加方便，值得大力发展。另外，一直以来因为成本较高所以小型风力发电机并没有采用先进的液压控制技术作为限速保护，而仅仅采用简单的机械控制方式对小型风力发电机在大风状态下进行限速保护。该结构使小型风机的机头或某个部件处于动态支撑的状态，在自然条件下，风速和风向变化频繁加上自然环境恶劣，小型风力发电机的动态支撑部件不可避免地会引起振动和活动部件的损坏，从而使机组损坏。

9.3 风光互补发电系统应用前景

风光互补发电系统是风能与太阳能的有效结合，其应用将会越来越广泛，其应用前景十分广阔，其中包括应用在偏远农村、照明系统、高速公路监控系统、航标、抽水蓄能电站及通信基站等方面。

9.3.1　满足缺电农村的用电

到目前为止，我国一些位置比较偏远的农村地区还未实现供电，如果采用电网供电，则成本很高，而且输电线路需要架设很长，安装难度也高，因此居住在我国偏远农村地区近千万居民至今未能用上电。虽然这些地区位置偏远，但往往位于风能和太阳能蕴藏量丰富的地区，因此利用风光互补发电系统解决用电问题的潜力很大，采用该技术可基本满足偏远农村的生活及照明用电，还可以解决生产生活的用电问题，是一种在边远地区推广可再生能源建设的成本最低廉，效果最好的方式。

到目前为止，千余个可再生能源的独立运行村落集中供电系统在我国建立，但这些系统的经济性很差，因为它们只提供照明和生活用电，不能或不运行使用生产性负载。可再生能源独立运行村落集中供电系统的出路是经济上的可持续运行，涉及系统的所有权、电站政府补贴资金来源、管理机制、生产性负载的管理、电费标准、数量和分配渠道等。但是这种可持续发展模式，对中国在内的所有发展中国家都有深远意义。总之，在农村地区发展风光互补发电是满足农村生产和农民生活用电的有效方式和途径，其推广应用前景广阔[11]。

9.3.2　室外 LED 照明

目前室外照明系统的耗电量占全球总发电量的 12% 左右，包括车行道路的照明以及生活校区的照明等，如何改善照明系统以达到良好的节能效果是全世界共同关注的问题。目前已被开发的新能源新光源室外照明工程有：风光互补 LED 智能化路灯、风光互补 LED 小区道路照明工程、风光互补 LED 景观照明工程、风光互补 LED 智能化隧道照明工程、智能化 LED 路灯等。

近年来，LED 灯的价格逐渐降低，因为其芯片技术不断提高，因此，LED 路灯将成为道路照明节能改造的最佳选择，经济效益和社会效益也越来越明显。太阳能和风能以互补形式通过控制器向蓄电池智能化充电，夜间，该模式根据光线强弱程度自动开启和关闭各类 LED 室外灯具。后台计算机将和智能化控制器联合使用，因为该智能化控制器具有无线传感网络通信功能，因此二者联合可以实现遥控监测和遥控控制。

风光互补 LED 路灯的技术优势在于利用了太阳能和风能在时间和地域上的互补性，使风光互补发电系统在资源上具有最佳的匹配性。风光互补 LED 路灯系统还可以根据用电负荷情况和当地资源进行系统容量的合理配置，既可保证系统供电的可靠性，又可降低路灯的造价。风光互补 LED 路灯可依据使用地的环境资源做出最优化的系统设计方案来满足用户的要求，是最合理的独立电源照明系统，其合理性既表现在资源配置上，又体现在技术方案和性能价格上，正是这种合理性保证了风光互补 LED 路灯的可靠性，从而为它的应用奠定了坚实的基础。

风光互补发电系统使 LED 照明系统更具稳定性和可靠性，无需人工操作，由智能时控器自动感应天空亮度进行控制。因此，LED 照明系统将是未来风光互补发电系统的重要应用领域。

9.3.3 监控摄像机电源中的应用

目前，高速公路监控系统点多，安装在高速公路的摄像机通常是不间断的运行，若采用传统的市电电源系统，虽然功率不大，但是因为数量多，电能的消耗量也会较多，因此不利于节能的实现；并且摄像机电源的线缆经常被盗，损失大，造成使用维护费用大大增加，加大了高速公路经营单位的运营成本。此外，传统系统不但施工困难，配套成本也会很高。使用风光互补发电系统为道路监控摄像机提供电源，不仅节能，并且不需要铺设线缆，减少了被盗的可能。但是我国有的地区会出现恶劣的天气情况，如连续雾霾天气、日照少、风力达不到起风风力，会出现不能连续供电现象，可以利用原有的市电线路，在太阳能和风能不足时，自动对蓄电池充电，确保系统可以正常工作。

采用风光互补发电系统来实现高速公路的监控，太阳能和风能同时被该系统利用来发电，意味着气象资源得以充分利用，能够实现昼夜发电。在适宜气象条件下，系统供电的连续性和稳定性可以提高。由于通常夜晚无阳光时恰好风力较大，所以互补性好，可以减少系统的太阳能板配置，系统造价得以大大降低，单位容量的系统初投资和发电成本均低于独立的光伏系统。目前，太阳能发电成本仍然高昂，但对于像高速公路监控系统这种点多线长的用电场合和离电网较远的缺电场所，采用风光互补供电具有独特的优势。

风光互补发电系统解决高速公路监控设备供电问题成为最快、最有效的办法。无需架设电力线并且一次性投资，无需缴纳电费，省事省心，安全可靠。太阳能发电操作简单，既经济，又节能环保。并且太阳能供电是一种既不消资源又无污染排放的清洁能源，使用寿命长、性能稳定、维护费用较低，是国家倡导的新能源，符合节能减排的环保理念。

9.3.4 船标应用

太阳能发电已在我国部分地区使用，比如灯塔桩等，但是也存在着一些问题，最突出的就是在连续没有充足太阳光条件下易造成发电不足，使得电池过放，灯光熄灭，影响了电池的使用性能或损毁。冬季和春季太阳能发电不足的问题尤为严重。天气不良情况下往往伴随着大风，也就是说，太阳能发电不理想的天气状况往往是风能最丰富的时候，鉴于这种情况，可以采用风力发电为主，光伏发电为辅的风光互补发电系统代替传统的太阳能发电系统。风光互补发电系统具有环保、无污染、免维护、安装使用方便等特点，符合航标能源应用要求。在太阳能配置满足春夏季能源供应的情况下，不启动风光互补发电系统；在冬春季或连续天气不良状况、太阳能发电不良情况下，启动风光互补发电系统。由此可见，风光互补发电系统在航标上的应用具备了季节性和气候性的特点。事实证明，其应用可行、效果明显。

9.3.5 抽水蓄能电站

抽水蓄能电站在用电低谷通过水泵将水从低位水库送到高位水库，从而将电能转化为水的势能存储起来，其储能总量同水库的落差和容积成正比。在用电高峰，水从高位水库排放至低位水库驱动水轮机发电。抽水蓄能电站的工作方式同常规水电站类似，具有技术成熟、效率高、容量大、储能周期不受限制等优点。

将风光互补技术用于抽水蓄能电站是集合了传统水能与风、光新能源各自优势的一种新的多能互补开发方式，可克服目前火电站及光伏电站成本电价高和运行维护技术要求高的缺点，具有独特的技术、经济优势[12][13]。

风光互补抽水蓄能电站是利用风能和太阳能发电，不经蓄电池而直接带动水泵进行抽水蓄能，然后利用储存的水能实现稳定的发电供电。这种能源开发方式将传统的水能、风能、太阳能等新能源开发相结合，利用三种能源在时空分布上的差异实现期间的互补开发，适用于电网难以覆盖的边远地区，并有利于能源开发中的生态环境保护。当风能、太阳能与水能在能量转换过程中保持能量平衡及由抽水系统构成的自循环系统的水量平衡时，则将风光互补发电系统用于抽水蓄能满足了开发的基本条件。

虽然与水电站相比成本电价略高，但是可以解决有些地区小水电站冬季不能发电的问题，所以采用风光互补抽水蓄能电站的多能互补开发方式具有独特的技术经济优势，可作为某些满足条件地区的能源利用方案。

9.3.6 通信基站

近年来我国的电信事业发展迅速，通信网络的规模不断壮大，通信基站的种类和数量大幅度增加，设备的技术含量和复杂程度越来越高，因此对通信点源的稳定性和可靠性的要求需要进一步提高。通信基站今后的发展方向将以更多的不发达的西部地区和偏远农村地区为目标。由于我国许多海岛、山区等地远离电网，相应的通信基站需要建立以满足当地旅游、渔业、航海等行业的需要，由于这些基站用电负荷都不会很大，若采用市电供电，需要很高的投资去架杆铺线。若采用柴油机供电，存在柴油储运成本高，系统维护困难、可靠性不高的问题。

因此依靠当地的自然资源是解决长期稳定可靠供电问题的合理途径，太阳能和风能作为可再生资源，在海岛地区非常丰富。此外，这两种能源在时间和地域上有很强的互补性，风光互补发电系统在海岛地区的应用体现了可再生能源技术的发展，且该独立电源系统具有较强的可靠性和良好的经济性，适合用于通信基站供电，因此完全可利用当地清洁能源实现用电自给自足。由于基站有基站维护人员，系统可配置备用柴油发电机，形成风光柴油混合发电系统，以备太阳能与风能发电不足时使用。这样可以减少系统中太阳能电池方阵与风机的容量，从而降低系统成本，同时增加系统的可靠性，保证实时通信。

9.4 小结

相对于单一的风力发电或太阳能光伏发电，风光互补发电实现了风能和太阳能的有效结合，是能源组合的优化利用，通过本章的分析及总结，该系统具有良好的经济效益、环境效益及社会效益，在应用过程中可能存在一些问题，但利要远大于弊，可结合具体的情形尽可能将这些问题的负影响降到最低限度。从长远发展角度来看，采用风光互补技术是合理的选择，特别是应用在偏远农村、室外照明系统、高速公路监控系统、航标、抽水蓄能电站及通信基站等方面。近年来，在市场需求的强劲拉动下，以及其他诸多因素的推动下，我国风光互补应用市场规模保持持续、稳定、快速的增长。目前，风光互补发电技术的研究仍在不断深入，随着其技术的日益成熟与完善，风光互补发电必将成为未来一种最具潜力和最有开发利用价值的发电模式。

本章参考文献

[1] 北极星电力网新闻中心. 高效微风发电技术获突破. 风电路灯妆点中国城市 [EB/OL]，[2014-05-02-].

[2] 王凤瑛，何云龙. 风光供电系统在西南某地推广的可行性分析 [J]. 通信与信息技术，2009，6：84-86.

[3] 王继芳. 太阳能风能综合发电在高速公路中的应用 [J]. 山西建筑，2008，34 (21)：159-160.

[4] 马涛，杨洪兴，吕琳. Performance evaluation of a stand-alone photovoltaic system on an isolated island in Hong Kong [J]. Applied Energy，2013，112：663-672.

[5] 陈慧玲. 在青海省建设风光互补电站可行性探讨 [J]. 青海科技，2002，4：39-40.

[6] 李冲，郑源，王宗荣等. 独立风光互补发电系统的经济性分析 [J]. 生态经济，2012，7：105-107.

[7] 王琢玲. 风光互补发电系统的动态分析 [D]. 兰州：兰州理工大学，2011.

[8] 黎发贵，郭太英. 风力发电在中国电力可持续发展中的作用 [J]，贵州水力发电，2006，20 (1)：74-78.

[9] 方燕. 风光互补独立供电系统优化匹配设计 [D]. 济南：山东建筑大学，2009.

[10] 石钰杨，李克营，肖静静. 风光互补技术中存在的若干问题 [J]. 民营科技，2011，1：34.

[11] 沈从举，贾首星，汤智辉，孟祥金，刘威. 风光互补发电系统在农村的推广应用 [J]. 机械研究与应用，2013，2 (26)：86-88.

[12] 陈新，赵文谦，万久春，涂强. 风光互补抽水蓄能电站系统配置研究 [J]. 四川大学学报 (工程科学版)，2007，39 (1)：53-57.

[13] 马涛，杨洪兴，吕琳. Feasibility study and economic analysis of pumped hydro storage and battery storage for a renewable energy powered island [J]. Energy Conversion and Management，2014，79：387-397.